国家学生饮用奶与营养改善计划年度报告

（2020—2021学年）

孔令博 柴彤涛
张 倩 林 巧 主编
王晶静 聂迎利

U0306104

中国农业科学技术出版社

图书在版编目（CIP）数据

国家学生饮用奶与营养改善计划年度报告. 2020—2021 学年 / 孔令博等主编 . --北京：中国农业科学技术出版社，2021. 12
ISBN 978-7-5116-5613-1

Ⅰ. ①国… Ⅱ. ①孔… Ⅲ. ①农村学校-中小学生-膳食-后勤供应-研究报告-中国-2020-2021 Ⅳ. ①G637. 4

中国版本图书馆 CIP 数据核字（2021）第 261292 号

责任编辑 陶 莲
责任校对 马广洋
责任印制 姜义伟 王思文

出 版 者 中国农业科学技术出版社
北京市中关村南大街 12 号 邮编：100081
电　　话 （010）82109705（编辑室） （010）82109702（发行部）
（010）82109709（读者服务部）
传　　真 （010）82106625
网　　址 http://www.castp.cn
经 销 者 各地新华书店
印 刷 者 北京地大彩印有限公司
开　　本 190 mm×270 mm 1/16
印　　张 6. 75
字　　数 164 千字
版　　次 2021 年 12 月第 1 版 2021 年 12 月第 1 次印刷
定　　价 80. 00 元

版权所有 · 翻印必究

《国家学生饮用奶与营养改善计划年度报告（2020—2021学年）》

编委会

主 任 委 员：

陈萌山　国家食物与营养咨询委员会主任

副主任委员：

陈永祥　中国学生营养与健康促进会常务副会长兼秘书长

刘亚清　中国奶业协会副会长兼秘书长

周清波　中国农业科学院农业信息研究所所长

王加启　农业农村部食物与营养发展研究所所长

委　　员（按姓氏笔画排序）：

付海涛　刘永胜　刘　豪　李小伟　李　栋　杨光华　宋　畅

张　倩　陈彦军　陆玉忠　欧阳良金　金家昌　郑永红　郑　楠

徐　娇　魏　虹

编写组

主　编：孔令博　柴彤涛　张　倩　林　巧　王晶静　聂迎利

副主编：吾际舟　赵彩霞　赵慧敏　何　微　张　帆　杨小薇

编　委（按姓氏笔画排序）：

王玉芹　王加春　王晓梅　王家星　孔相合　毛永娇　任志伟

孙守军　赵晓梅　姜萍萍　徐　静　郭继业　常　赞　董明珠

程浩明

序　言

健康中国，营养先行。营养是国民健康的物质基础，更是处在生长发育时期青少年的物质基础；青少年是祖国的未来、民族的希望，促进青少年健康是健康中国战略的主要内容。党和国家历来高度重视青少年学生的营养保障工作，采取了一系列重大措施，不断提高青少年学生的营养健康水平。2000 年和 2011 年，国家先后出台实施“国家学生饮用奶计划”和“农村义务教育学生营养改善计划”（以下简称“两项计划”），旨在通过向在校中小学生课间提供一份优质牛奶，以提高他们的身体素质并培养他们合理的膳食习惯；通过中央财政支持，为试点地区农村义务教育阶段学生提供营养膳食补助，为家庭经济困难寄宿学生提供生活费补助，以提高农村学生尤其是贫困地区和家庭经济困难学生健康水平。

在国家农业农村部、教育部等有关部委的大力指导和支持下，在地方政府、社会各界和广大学校的共同努力下，“两项计划”实施取得了明显成效和丰硕成果。到 2020 年底，学生饮用奶认证生产企业由 2001 年首批 7 家发展到 123 家，备案奶源基地 354 家，日处理生鲜乳能力 5 万多吨，日均供应生鲜乳 1.2 万多吨，全国学生饮用奶在校日均供应量由 2001 年的 50 万份增长到 2 130 万份，覆盖范围由 2001 年 5 个试点城市扩展到全国 31 个省、自治区、直辖市的 63 000 多所学校，惠及 2 600 万名中小学生。“农村义务教育学生营养改善计划”实施的营养膳食补助政策惠及农村义务教育学生 3 797.83 万人，其中 727 个国家级试点县级单位的 7.3 万多所学校，通过实施营养膳食补助政策惠及农村义务教育学生 2 100.14 万人；1 005 个地方试点县级单位的 5.9 万多所学校，通过实施营养膳食补助政策惠及农村义务教育学生 1 697.69 万人。“两项计划”的顺利实施，对改善和提高我国中小学生身体素质和营养健康水平发挥了积极的作用。

当前，我国已开启全面建设社会主义现代化强国新征程，党的十九届五中全会通过的《中华人民共和国国民经济和社会发展第十四个五年规划和 2035 年远景目标纲要（1）》，确立了我国五年、十五年的奋斗目标，进一步明确了全面建成健康中国的总体要求，也为

“两项计划”的持续推进指明了方向。为助力“两项计划”深入实施，促进各级政府、企业、学校和社会各界密切合作，中国农业科学院农业信息研究所成立项目团队，全面跟踪研究“两项计划”组织实施情况，每年发布《国家学生饮用奶计划与农村义务教育学生营养改善计划年度报告》（以下简称《报告》）。《报告》将完整系统地介绍“两项计划”年度进展和动态，国家、有关部委、各级政府颁布的政策法规和措施，参与单位和机构推动项目过程中的成功做法和有益经验，国内外新闻媒体宣传和报道，国内外研究报告、学术交流以及一年来的重大事件记录等方面的情况，为各级政府、社会各界、相关企业、参与学校等方面的管理人员、技术人员、工作人员以及老师、学生、家长提供全方位的信息服务，更好地满足社会各界人士对“两项计划”的关心、关注和信息资讯需求。

新的历史时期，进一步加大“两项计划”的实施力度，将成为不断提升青少年营养健康水平的重要举措。期待这份汇聚团队心血的《报告》能够用信息传递温度、用智慧凝聚共识，推动全社会共同投身青少年学生营养健康改善事业，为推进健康中国战略实施和全面建设社会主义现代化强国贡献更大的力量。

国家食物与营养咨询委员会主任

陈萌山

2021 年 12 月 28 日

目　　录

第一部分　年度发展概述

◎ 学校供餐项目概述

营养健康是青少年成长的关键因素，是国民素质提升的重要基础，是全面建设小康社会的重要内涵，是实现中华民族伟大复兴中国梦的力量之源。我国由政府组织实施的、推广力度较大的学校供餐项目主要包括国家“学生饮用奶计划”和在贫困地区开展的“农村义务教育学生营养改善计划”，两个“计划”均以改善学生健康状况为目的，为在校学生提供营养食物和食育教育。

2000 年，由农业部（现称农业农村部）、教育部等七部委联合发起推广国家“学生饮用奶计划”，在课间向在校中小学生提供一份优质牛奶。2003 年国家启动“学生奶奶源升级计划”，再次强调了奶源的安全与营养。2007 年国家“学生饮用奶计划”被写进《国务院关于促进奶业持续健康发展的意见》，有近 200 个城市教委下发了相关文件，支持学生饮用奶计划的推广。2013 年 9 月，农业部下发了《关于调整学生饮用奶计划推广工作方式的通知》，该计划的推广工作整体移交至中国奶业协会，学生饮用奶作为一般乳制品，统一纳入相关职能部门的生产和质量监管，以确保学生饮用奶产品的质量安全。

2011 年 10 月，国务院决定启动实施“农村义务教育学生营养改善计划”，在集中连片特殊困难地区开展试点，中央财政按照每位学生每天 3 元的标准为试点地区农村义务教育阶段的学生提供营养膳食补助。试点范围包括 680 个县（市）、惠及约 2 600 万名在校生。2014 年 11 月起，中央财政投入资金 9. 4 亿元，将营养改善计划国家试点地区补助标准从每日补贴 3 元提高到 4 元。各地方根据自身情况也在不断提高营养膳食补助标准。

2020 年，国家“学生饮用奶计划”走过了 20 年风雨，“农村义务教育学生营养改善计划”也即将迈入第 10 个年头。学校供餐项目实施以来，国家相关部门和各级政府投入了大量资金与人力，聚焦各类资源，不断扩大受益学生范围，致力于促进祖国下一代健康成长。根据 2020 年 12 月的统计数据，学生饮用奶生产企业已有 123 家，隶属 73 家集团公司，日处理生鲜乳总能力 5 万多吨，生产能力有极大保障；备案学生饮用奶奶源基地 354 家，泌乳牛总存栏 40 多万头，日均供应生鲜乳 12 000 多吨。学生饮用奶的发放覆盖全国 31 个省、自治区、直辖市的 63 000 多所学校，2019—2020 学年在校日均供应量达 2 130 万份，惠及 2 600 万名中小学生。2021 年 9 月，财政部发布的文件中提到，“农村义务教育学生营养改善计划”自实施以来中央财政累计补助资金达 1 967. 34 亿元，已覆盖全国 28 个省份 1 552 个县，每年受益学生约 3 795 万人，其中国家试点地区 2 092 万人，地方试点地区 1 703 万人①。

学校供餐项目开展至今，始终以提高学生身体素质和营养水平为核心，恪守“安全第一、质量至上”的原则，持续改善中小学生营养健康水平，特别是让欠发达地区的农村学生改变了一天只吃一两顿饭的窘境，极大地提高了体质健康合格率。同时，与学生供餐项目相关的管理规章制度也在不断完善和推广运行，强化准入门槛，对接国际标准，全面提升管理服务水平。

◎ 2020—2021 学年学校供餐项目特点

国家政策大力支持

儿童和青少年的健康是关乎国家大计的议题，国家和政府历来重视儿童与青少年营养状况。改革开放以来，随着国家与各部委相关政策的颁布实施，社会经济水平的提高，学校和家庭对合理膳食理念的建立，我国青少年营养水平和形态发育水平不断提高，我国在学校供餐工作方面也逐渐探索出一条适合我国国情的发展道路。2020—2021 学年，国务院及相关部委陆续发布《中华人民共和国学前教育法草案（征求意见稿）》《中华人民共和国乡村振兴促进法》《健康中国行动 2021 年工作要点》，从国家政策层面对加强关爱少年儿童、改善儿童营养膳食、推进实施农村义务教育学生营养改善计划、保障校园饮食安全等工作做了具体要求和指导，为学校供餐项目的顺利进行提供了良好的政策环境。在各地方工作机构、实施学校和各家生产企业的共同努力下，2020—2021 学年国家“学生饮用奶计划”和“农村义务教育学生营养改善计划”积极稳妥推进，取得了显著成效。

积极应对新冠肺炎疫情

2020 年新春，新冠肺炎疫情随春运的脚步逐渐蔓延，全国上下陷入了一场没有硝烟的战争中。疫情的到来影响了学校的正常运行，给肉、蛋、奶、菜、粮等物资的生产、运输、供应带来了困境，同时也将学校供餐的安全问题推至话题焦点。

随着防疫工作逐渐进入常态化，疫情后学生供餐工作也走入正轨。国家市场监督管理总局办公厅联合教育部办公厅、国家卫生健康委办公厅、公安部办公厅印发了《关于统筹做好疫情防控和秋季学校食品安全工作的通知》，部署统筹做好疫情防控和秋季学校食品安全工作。《关于统筹做好疫情防控和秋季学校食品安全工作的通知》要求地方各部门要不断完善校园食品安全管理协作机制，严防重大食品安全事件发生，加强学校食堂等场

---

① 财政部．财政部下达 260.34 亿元支持改善农村学生营养状况［EB/OL］.（2021-09-30）［2021-10-19］. http：//www.mof.gov.cn/jrttts/202109/t20210930_3756781.htm.

所的食品安全管理，全面落实食品安全主体责任①，保证疫情期间也能让学生在校吃得健康，吃得放心。

在国家政策的正确指引下，学校供餐项目的参与企业也开展了大量的工作，积极应对疫情带来的影响。由于学校停学停课，学生营养餐和学生奶的销售在2020年2—3月基本处于停滞状态，生产也相应停止。各大学生奶供应乳企面对疫情做出迅速反应，响应国家政策进行口罩、测温仪、消毒液等防疫物资以及学生奶的捐赠，为抗疫一线送去关怀和营养。同时抓紧落实“无接触”配送工作，与社区、电商平台等部门合作，为学生零接触式配送学生奶，做到“停课不停学，停课不停奶”，在学校和家长的配合下保证学生居家时对营养摄入的需求②。

伴随着春天的来临，疫情逐步缓解，各地学生陆续返校上课，学生供餐工作又逐步恢复正常。政府政策的大力支持，企业争先履行社会责任，学校与家长的通力合作，共同为孩子们的营养健康筑起有力的防线，全力保证了孩子们在疫情期间的营养供给。

重要活动大力宣传

通过食育教育培养儿童和青少年良好、健康的饮食习惯，也是我国学生供餐工作中的重要环节。对学生供餐工作重要活动、重要节点的大力度宣传以及相关企业对学生供餐产品的正面宣传，可以使社会各界了解学生供餐项目，重视学生营养健康，让学校、家长和孩子对食物营养和食品安全有着更深刻的认识，营造良好的社会舆论氛围。

2020年，正值我国国家“学生饮用奶计划”实施20周年，中国奶业协会举办了国家“学生饮用奶计划”实施20年暨现代奶业评价体系建设推进会。会上，各级领导、行业专家、企业负责人围绕“学生饮用奶计划”实施的重大意义、取得的非凡成绩、存在的问题以及未来的发展方向进行了发言讨论。大家一致认为“学生饮用奶计划”是一项功在当代、利在千秋的重要工作，是改善和提高学生营养健康和身体素质的重要途径，也是振兴我国乳业的重要环节。各部门积极行动，协同工作，在社会上形成“科学饮奶、合理膳食、营养平衡”的共识③。学生饮用奶计划让越来越多的孩子喝上了优质的牛奶，改善和提高了我国中小学生身体素质，养成了健康饮食习惯，会让孩子们受益一生。

2021年5月迎来了第7届“全民营养周”与第32个“5·20”中国学生营养日，分别以“合理膳食 营养惠万家”和“珍惜盘中餐 粒粒助健康”为主题。两项活动得到了国家各部门和社会各界的高度重视，以科学角度宣传营养健康理念，进行营养知识传播活动，给孩子灌输合理膳食的理念并帮助他们建立良好的饮食习惯。在统一的时间、以统一的声音传播正确的知识，纠正误导，传播营养正能量。

---

① 中国经济网.4部门发文部署统筹做好疫情防控和秋季学校食品安全工作［EB/OL］.（2021-08-31）［2021-10-19］. https：//baijiahao. baidu. com/s？ id=1709619203402306917&wfr=spider&for=pc.

② 国际金融报．延迟开学引发学生奶产销难题，乳企巨头力推“零接触式配送”［EB/OL］.（2020-04-09）［2021-10-19］. https：//baijiahao. baidu. com/s？ id=1663508716359953630&wfr=spider&for=pc.

③ 中国经济网．陈萌山：学生奶推广计划改善和提高了我国学生身体素质［EB/OL］.（2020-12-22）［2021-10-19］. http：//www. ce. cn/cysc/sp/info/202012/22/t20201222_36141328. shtml.

“政企校家”联动机制

在国务院、相关部委的政策支持以及中国奶业协会的正确领导下，我国学校供餐项目稳步推进，取得了骄人成绩。这其中，离不开各地方机构、相关企业、实施学校与家庭的大力支持与积极配合。学生供餐项目实施多年，遵循“安全第一、质量至上、严格准入、有序竞争、规范管理、积极推进”的原则，充分发挥市场机制作用，团结调动各有关方面力量。由于学生供餐相关生产企业承担了食品安全的主体责任和首负责任，因此在学生供餐项目实施过程中处于核心地位。充分发挥企业参与积极性，发挥自身优势，通过企业对学生供餐的宣传推广引起社会对该项工作的重视。同时，学校作为学生营养餐和学生奶的接受方成为学生供餐项目中的关键环节，没有教育部门和学校的积极参与和配合，就无法将工作顺利推进下去。学校充分发挥教育机构资源优势，以多种形式开展学生营养知识的普及，以此增强学生、家长和兄弟单位对学生供餐工作的认知，激活相关工作推广的新动力。此外，邀请高校和科研机构的专家开展科技合作，共同对学生供餐项目的战略、风险、评价及发展等方面开展合作研究和科学指导。

总结经验创新发展

在国家“学生饮用奶计划”实施 20 周年大会上，中国奶业协会副会长兼秘书长刘亚清提到，国家“学生饮用奶计划”在中小学生中的普及率仅为 17%，相比普及率较高的国家仍有较大差距[①]。由于部分地区财政财力不足，许多贫困地区未开始实施“农村义务教育学生营养改善计划”，个别试点地区存在营养改善专项资金未按规定使用，供餐质量不佳的问题。因此仍需要在政策资金扶持、营养立法进程、宣传教育力度、不同营养改善计划衔接等方面加强工作。

在我国学校供餐项目未来发展上，第一，要强化质量安全意识，严把学生供餐的食品质量关和食品安全关，督促并监督相关企业建立质量安全追溯体系；第二，稳妥推进产品种类的增加，科学、合理推进学生供餐产品的种类，加大未覆盖区域的推广力度；第三，提升相关人员的业务能力，对涉及学生供餐项目的人员进行国家有关法律法规、产业政策以及项目规章制度和标准宣传力度的培训，提升其业务能力与管理水平；第四，完善各项规章制度，根据新政策和新形势完善和修订各项规章制度；第五，加强宣传教育引导，多渠道、多方式促进学生供餐项目的推广，鼓励企业、学校积极开展食育教育和各项活动；第六，加强社会各界联动，政府、企业、基金会、高校与科研机构、营养机构、学校、家庭等合理推动学生营养立法进程，推动国家“学生饮用奶计划”与“农村义务教育学生营养改善计划”等项目的发展和相互促进；第七，扩大国际交流合作，借鉴国际先进经验，实现互利共赢。

---

① 中国经济网．中奶协刘亚清：学生奶惠及 2 600 万中小学生 将继续做好推广工作［EB/OL］．(2020-12-22)［2021-10-19］．http：//www.ce.cn/cysc/sp/info/202012/22/t20201222_36142084.shtml.

第二部分　国家政策和地方法规

◎ 国家相关政策法规

中华人民共和国学前教育法草案（征求意见稿）

为深入贯彻党的十九大和十九届二中、三中、四中全会精神，落实全国教育大会和习近平总书记关于教育的重要论述精神，促进学前教育事业健康发展，健全学前教育法律制度，根据宪法、教育法及其他有关法律法规，经充分调研与广泛征求意见，教育部研究形成了《中华人民共和国学前教育法草案（征求意见稿）》。现面向社会公开征求意见。

在第四章保育教育，第二十九条（卫生保健）中提到：幼儿园应当把保护儿童生命安全和身心健康放在首位，建立科学合理的一日生活制度，做好儿童营养膳食、体格锻炼、健康检查和幼儿园卫生消毒、传染病预防与控制、常见病预防与管理、食品安全等卫生保健管理工作，加强安全与健康教育，促进儿童身体正常发育和心理健康①。

中共中央 国务院关于全面推进乡村振兴加快农业农村现代化的意见

其中第（三）条意见提到，设立衔接过渡期。脱贫攻坚目标任务完成后，对摆脱贫困的县，从脱贫之日起设立5年过渡期，做到扶上马送一程。过渡期内保持现有主要帮扶政策总体稳定，并逐项分类优化调整，合理把握节奏、力度和时限，逐步实现由集中资源支持脱贫攻坚向全面推进乡村振兴平稳过渡，推动“三农”工作重心历史性转移。抓紧出台各项政策完善优化的具体实施办法，确保工作不留空当、政策不留空白。

第（七）条意见要求，提升粮食和重要农产品供给保障能力。地方各级党委和政府要切实扛起粮食安全政治责任，实行粮食安全党政同责。深入实施重要农产品保障战略，

---

① 教育部．教育部关于《中华人民共和国学前教育法草案（征求意见稿）》公开征求意见的公告［EB/OL］．（2020-09-07）［2021-10-29］．http：//www. moe. gov. cn/jyb_xwfb/s248/202009/t20200907_485819. html.

完善粮食安全省长责任制和“菜篮子”市长负责制，确保粮、棉、油、糖、肉等供给安全。……加快构建现代养殖体系，保护生猪基础产能，健全生猪产业平稳有序发展长效机制，积极发展牛羊产业，继续实施奶业振兴行动，推进水产绿色健康养殖。

第十七条意见提出，提升农村基本公共服务水平。建立城乡公共资源均衡配置机制，强化农村基本公共服务供给县乡村统筹，逐步实现标准统一、制度并轨。提高农村教育质量，多渠道增加农村普惠性学前教育资源供给，继续改善乡镇寄宿制学校办学条件，保留并办好必要的乡村小规模学校，在县城和中心镇新建改扩建一批高中和中等职业学校[①]。

中共中央 国务院关于实现巩固拓展脱贫攻坚成果同乡村振兴有效衔接的意见

打赢脱贫攻坚战、全面建成小康社会后，要进一步巩固拓展脱贫攻坚成果，接续推动脱贫地区发展和乡村全面振兴。为实现巩固拓展脱贫攻坚成果同乡村振兴有效衔接，中共中央国务院现提出打赢脱贫攻坚战、全面建成小康社会后，要进一步巩固拓展脱贫攻坚成果，接续推动脱贫地区发展和乡村全面振兴。为实现巩固拓展脱贫攻坚成果同乡村振兴有效衔接的若干意见。

第（九）条意见中提到，进一步提升脱贫地区公共服务水平。继续改善义务教育办学条件，加强乡村寄宿制学校和乡村小规模学校建设。加强脱贫地区职业院校（含技工院校）基础能力建设。继续实施家庭经济困难学生资助政策和农村义务教育学生营养改善计划[②]。

中华人民共和国乡村振兴促进法

2021 年 4 月 29 日，中华人民共和国第十三届全国人民代表大会常务委员会第二十八次会议通过《中华人民共和国乡村振兴促进法》，该法案自 2021 年 6 月 1 日起正式实施。

第五十三条提到，国家推进城乡最低生活保障制度统筹发展，提高农村特困人员供养等社会救助水平，加强对农村留守儿童、妇女和老年人以及残疾人、困境儿童的关爱服务，支持发展农村普惠型养老服务和互助性养老[③]。

健康中国行动 2021 年工作要点

为贯彻落实《国务院关于实施健康中国行动的意见》《国务院办公厅关于印发健康中

---

① 农业农村部．中共中央 国务院关于全面推进乡村振兴加快农业农村现代化的意见 [EB/OL]．(2021-02-21) [2021-10-29]．http：//www. moa. gov. cn/xw/zwdt/202102/t20210221_6361863. htm.

② 中国政府网．中共中央 国务院关于实现巩固拓展脱贫攻坚成果同乡村振兴有效衔接的意见 [EB/OL]．(2020-12-16) [2021-10-29]．http：//www. gov. cn/zhengce/2021-03/22/content_5594969. htm.

③ 新华网．中华人民共和国乡村振兴促进法 [EB/OL]．(2020-04-29) [2021-10-29]．ttps：//baijiahao. baidu. com/s? id=1698385904854571283&wfr=spider&for=pc.

国行动组织实施和考核方案的通知》《健康中国行动（2019—2030年）》等文件精神，进一步推动健康中国行动有关工作落实落地，健康中国行动推进委员会办公室研究制定了《健康中国行动2021年工作要点》。

2021年的工作要点由以下三部分组成。一是研究制订的文件，包括：第（二）条制订发布《营养与健康学校建设指南》（卫生健康委牵头，教育部按职责分工负责）；第（七）条印发《关于全面加强和改进新时代学校卫生与健康教育工作的意见》（教育部牵头，发展改革委、卫生健康委、市场监管总局按职责分工负责）；第（八）条印发加强春秋季校园食品安全工作的通知（市场监管总局牵头，教育部、公安部、卫生健康委按职责分工负责）。二是推动落实的重点工作，包括：第（四）条持续推进营养健康标准体系建设，制订食品安全基础上的食品营养相关标准。修订完善预包装食品营养标签通则和包装管理，及时掌握上市食品规范标示情况（卫生健康委牵头，农业农村部、市场监管总局按职责分工负责）；第（七）条开展中国妇女儿童发展纲要（2011—2020年）卫生健康领域终期评估。启动实施母婴安全提升行动计划、健康儿童行动提升计划和母乳喂养促进行动，全力保障妇幼健康（卫生健康委负责）。三是组织开展的活动，包括：第（五）条开展“全民营养周”“5.20”中国学生营养日系列合理膳食主题宣传活动，开展科学辟谣，推动营养科普宣传常态化（卫生健康委牵头，中央宣传部、教育部、农业农村部、国家新闻出版广电总局、中国科协按职责分工负责）[①]。

◎ 相关部委与行业协会管理办法

关于做好秋季学期学校食品安全工作的通知

为做好2020年秋季学校食品安全工作，防范学校食品安全风险，加强食育教育，减少餐饮浪费，市场监管总局办公厅等四部门联合发布《关于做好秋季学期学校食品安全工作的通知》。

《关于做好秋季学期学校食品安全工作的通知》中第二条要求各地市场监管、教育部门要督促校外供餐单位和学校严格落实食品安全主体责任，切实增强食品安全意识和能力，按照《中华人民共和国食品安全法》及其实施条例、《学校食品安全与营养健康管理规定》《餐饮服务食品安全操作规范》等要求，全面开展食品安全自查，采取有力措施，消除食品安全风险隐患，严防发生重大食品安全事件[②]。

---

① 规划发展与信息化司．健康中国行动推进委员会办公室关于印发健康中国行动2021年工作要点的通知［EB/OL］．（2021-04-13）［2021-10-29］．http：//www.nhc.gov.cn/guihuaxxs/s7788/202104/2241e2f8f42e4769aa1c5acc5f0e0ce2.shtml.

② 中国政府网．关于做好秋季学期学校食品安全工作的通知［EB/OL］．（2020-09-01）［2021-10-29］．http：//www.gov.cn/zhengce/zhengceku/2020-09/09/content_5541964.htm.

关于印发儿童青少年肥胖防控实施方案的通知

超重肥胖已成为影响我国儿童青少年身心健康的重要公共卫生问题。为切实加强儿童青少年肥胖防控工作，有效遏制超重肥胖流行，促进儿童青少年健康成长，国家卫生健康委会同教育部等六部门制定了《儿童青少年肥胖防控实施方案》。

方案中第三部分重点任务的第二项内容为强化学校责任，维持儿童青少年健康体重。该部分内容明确指出：①办好营养与健康课堂。将膳食营养和身体活动知识融入幼儿园中小学常规教育。丰富适合不同年龄段儿童学习的资源，在国家和地方各级教师培训中增加青少年膳食营养和身体活动等相关知识内容，提高教师专业素养和指导能力。各地各校要结合农村义务教育学生营养改善计划、学生在校就餐等工作，有计划地做好膳食营养知识宣传教育工作。促进正确认识儿童超重肥胖，避免对肥胖儿童的歧视（教育部牵头，国家卫生健康委配合）。②改善学校食物供给。制修订幼儿园和中小学供餐指南，培训学校和供餐单位餐饮从业人员。学校应当配备专（兼）职营养健康管理人员，有条件的可聘请营养专业人员。优化学生餐膳食结构，改善烹调方式，因地制宜提供符合儿童青少年营养需求的食物，保证新鲜蔬菜水果、粗杂粮及适量鱼禽肉蛋奶等供应，避免提供高糖、高脂、高盐等食物，按规定提供充足的符合国家标准的饮用水。落实中小学、幼儿园集中用餐陪餐制度，对学生餐的营养与安全进行监督（教育部、国家卫生健康委、市场监管总局分别负责）[①]。

教育部办公厅关于成立首届全国中小学和高校健康教育教学指导委员会的通知

为贯彻落实《“健康中国 2030”规划纲要》《国务院关于实施健康中国行动的意见》，根据经国务院同意《教育部等八部门关于印发〈综合防控儿童青少年近视实施方案〉的通知》，为进一步加强对中小学和高校健康教育教学工作的指导，教育部决定成立首届全国中小学和高校健康教育教学指导委员会。

全国中小学和高校健康教育教学指导委员会是教育部聘请并领导的指导中小学和高校健康教育教学工作的专家组织，具有非常设机构的性质。主要职责是：发挥咨询、研究、评估、指导等作用，组织开展全国中小学和高校健康教育教学重大理论与实践研究，就教材建设、教育教学方法改革、师资队伍和学科建设等向教育部提出精准、专业、科学、严谨的咨询意见和建议，开展中小学校医、健康教育教师培训、成果鉴定和教学督导检查等工作。

首届全国中小学健康教育教学指导委员会（以下简称中小学健康教育教指委）委员共 55 人，设主任委员 1 人，副主任委员 4 人，秘书长 1 人，聘期 4 年，自 2020 年 11 月起至 2024 年 11 月止。中小学健康教育教指委的工作由主任委员主持，副主任委员协助，秘

① 中国政府网．关于印发儿童青少年肥胖防控实施方案的通知［EB/OL］．(2020-10-16)［2021-10-29］．http：//www.gov.cn/zhengce/zhengceku/2020-10/24/content_5553848.htm.

书长协助主任委员和副主任委员处理日常工作[①]。

首届全国中小学健康教育教学指导委员会委员名单见附录1。

国家“学生饮用奶计划”推广规划（2021—2025年）

为贯彻落实《健康中国行动（2019—2030年）》《国务院办公厅关于推进奶业振兴保障乳品质量安全的意见》精神，“大力推广国家学生饮用奶计划，增加产品种类，保障质量安全，扩大覆盖范围”，依据《农业部　国家发展和改革委员会　教育部　财政部　国家卫生和计划生育委员会　国家质量监督检验检疫总局　国家食品药品监督管理总局关于调整学生饮用奶计划推广工作方式的通知》要求，国家“学生饮用奶计划”推广工作已整体移交中国奶业协会。为充分发挥社会力量和市场机制作用，明确推广工作目标和主要任务，形成工作合力，努力取得新成效，制定本规划。

一、推广现状

（一）基本情况

奶业是健康中国、强壮民族不可或缺的产业。国家“学生饮用奶计划”于2000年由原农业部、教育部等七部门联合启动实施，是我国第一个由中央政府批准并组织实施的全国性的中小学生营养改善计划。自2013年中国奶业协会承接国家“学生饮用奶计划”的推广工作以来，在农业农村部、教育部等有关部门指导和支持下，在各地方工作机构、实施学校和学生饮用奶生产企业的共同努力下，国家“学生饮用奶计划”积极稳妥推进，取得显著成效。一是生产能力跃上新台阶。目前全国在册学生饮用奶生产企业123家，隶属73家集团公司，日处理生鲜乳总能力5万多吨。备案学生饮用奶奶源基地354家，泌乳牛总存栏40多万头，日均供应生鲜乳12 000多吨。二是供应水平得到新提升。全国学生饮用奶在校日均供应量从2001年的50万份，增长到2019—2020学年的2 130万份，惠及2 600万名中小学生，从最初的京、津、沪、穗、沈5个试点城市覆盖到全国31个省、自治区、直辖市的63 000多所学校。三是推广管理迈出新步伐。健全推广管理办法，强化准入门槛；制定产品团体标准，对标国家标准，对接国际标准，推广管理工作有法可依、有标可循。国家“学生饮用奶计划”的顺利实施，对改善和提高我国中小学生营养健康水平，促进乳品消费和奶业振兴起到了积极作用。

（二）面临的机遇与挑战

全球60多个国家推广学生饮用奶，超过1.6亿儿童受益，是世界公认的改善和提高学生营养健康和身体素质的重要途径。实施国家“学生饮用奶计划”是一项关系国家、民族根本利益的长远大计，是一项必须长期坚持下去的重要战略计划。当前，“健康中国”已上升为国家战略，未来政策和资源必定会向大健康领域倾斜。我国儿童营养不良状况尚未根本解决，学生饮用奶营养改善作用举足轻重。与此同时，我国奶业素质全面提升，政府营养改善补贴政策利好，为加大学生饮用奶计划推广力度、扩大学生饮用奶计划

---

① 教育部．教育部办公厅关于成立首届全国中小学和高校健康教育教学指导委员会的通知［EB/OL］.（2020-11-02）［2021-10-29］. http：//www.moe.gov.cn/srcsite/A17/moe_943/moe_946/202011/t20201111_499471.html.

覆盖人群奠定基础。我们要抓住发展机遇、战胜困难挑战，完成历史赋予我们的重要使命。

一杯牛奶强壮一个民族，国家“学生饮用奶计划”实施 20 年取得了预期的良好效果，但是仍面临许多不容忽视的困难和问题，主要挑战包括以下 4 个方面。一是受益学生普及率不够高。2019 年国家“学生饮用奶计划”受益中小学生普及率仅为 17%，相比瑞典普及率 95%、日本 90%以上、美国 80%以上，仍有较大差距。二是产品种类不够丰富。随着新时期学生对营养需求和膳食多样性的日益提高，当前的学生饮用奶产品种类已经无法满足实际需求。三是与其他营养改善计划衔接不紧密。特别是与“农村义务教育学生营养改善计划”没有深层次衔接，仅有约 1/3 的享受“营养改善计划”的贫困地区学生能在学校喝到学生饮用奶。四是存在违规使用标志行为。供应学生饮用奶存在仿冒或使用近似中国学生饮用奶标志的行为，影响认知度和信誉度。

二、总体要求

（一）指导思想

全面贯彻党的十九大和十九届二中、三中、四中、五中全会精神，以习近平新时代中国特色社会主义思想为指导，认真落实党中央、国务院决策部署，坚定不移贯彻新发展理念，坚持稳中求进工作总基调，按照高质量发展的要求，以满足学生日益增长的营养需要、不断提高学生营养健康水平和健康素养为根本目的，构建更为完善的学生饮用奶推广管理体系，创新更为适合我国国情的学生饮用奶推广模式，促进奶业全面振兴，践行健康中国战略。

（二）基本原则

1. 市场机制运作与相关部门支持相结合。在政府及相关部门的大力支持和指导下，中国奶业协会引导推动，实行市场机制运作，团结调动各有关方面力量，遵循“安全第一、质量至上、严格准入、有序竞争、规范管理、积极推进”的原则，推进国家“学生饮用奶计划”的实施。

2. 坚持服务学生为中心。坚持以改善学生营养健康水平为宗旨，坚持以学生为服务主体，始终做到推广最终为了学生，增强学生身体素质，满足新时期学生营养健康需求。

3. 坚持新发展理念。把新发展理念贯穿推广全过程，构建新推广格局，推动质量变革、效率变革、动力变革，实现更高质量、更有效率、更可持续的推广。

4. 坚持创新驱动。把创新作为推广的战略支撑，重视专家技术支撑，推进运行机制改革，完善管理体系，创新推广模式，推动多途径入校，多方式饮用，多元化合作。

5. 坚持系统观念。加强前瞻性思考、全局性谋划、战略性布局、整体性推进，坚持把质量安全放在首位，实现奶源基地、生产加工、质量管理、配送服务、校内操作、宣传教育相统一。

（三）总体目标

到 2025 年，国家“学生饮用奶计划”推广取得明显进展，政策法规更加完善，运行机制更为高效，质量安全显著提升，入校操作更加规范，供应能力明显增加，覆盖范围不断扩大，社会影响力进一步提升，学生身体素质和营养健康水平得到有效提高和改善。

国家“学生饮用奶计划”推广目标

主要指标	年份	
	2020 年	2025 年
覆盖学生人数*（万人）	2 600	3 500
日均供应量*（万份）	2 130	3 200
生产企业数量（个）	123	180
奶源基地（个）	354	450
产品种类	超高温灭菌乳、灭菌调制乳	超高温灭菌乳、灭菌调制乳、巴氏杀菌乳、发酵乳和再制干酪
抽检合格率	—	≥99%

注：覆盖学生人数和日均供应量两个指标的数值是指 2019—2020 学年和 2024—2025 学年。

三、主要任务

国家“学生饮用奶计划”推广工作是一项功在当代、利在千秋的事业，需要各有关方面给予大力支持和积极配合。

（一）强化质量安全意识

积极配合质量安全监管部门，加强学生饮用奶原料奶和产品的监督检验。倡导学生饮用奶生产企业要严把原料关、加工关和运输关。督促和指导企业建立质量安全追溯体系，落实企业主体责任。

（二）增加产品种类

科学、合理、稳妥推进增加学生饮用奶产品种类工作，新增巴氏杀菌乳、发酵乳和再制干酪。在实施调整前先行试点，确定试点范围，制定试点管理规范和试点产品团体标准，积极有序组织开展试点运作。通过试点，总结可复制、可扩大的经验和做法，保障新增产品推广的安全性和规范性，加大在未覆盖区域的推广力度。

（三）加强信息化建设

完善国家“学生饮用奶计划”推广管理信息系统，优化学生饮用奶生产企业注册程序、学生饮用奶奶源基地备案程序、学生饮用奶生产供应数据统计等功能，适时增加开放注册时段，提高推广管理效率。

（四）强化业务培训

加大对国家有关法律法规、产业政策以及国家“学生饮奶计划”有关规章制度和标准的宣贯力度，定期或不定期组织开展营养健康、校内操作、应急处理等方面的培训，提升业务能力和管理水平。

（五）严格标志使用管理

未经许可使用中国学生饮用奶标志的行为，存在安全隐患的依法追究其法律责任。对不按照要求使用标志的行为，计入学生饮用奶生产企业考核档案，情节严重的将取消其使用资格。

（六）规范注册管理

完善学生饮用奶生产企业的注册管理程序，明确材料审核、现场评估和综合评定的要求和重点，规范流程，进一步提高报送和注册管理水平。

（七）完善规章制度

根据新形势、新要求修订《国家“学生饮用奶计划”推广管理办法》，制定或完善应急管理预案，修订产品团体标准，完善奶源基地、生产加工、质量管理、配送服务、校内操作、退出机制等管理规章制度。

（八）加强科技合作

全面系统开展战略研究，科学指导推广管理。加强与有关高校和科研院所及企业开展科技合作，开展学生饮用奶品质和营养评价、风险评估、青少年营养健康、学生饮奶效果评价、乳品产业发展等方面的课题研究和项目合作。

（九）加强宣传教育

多渠道、多方式促进学生饮用奶推广，加大宣传力度，创新宣传手段，联合有关机构、企业，结合食品安全周、世界牛奶日、世界学生奶日等重要节点组织专题宣传活动。发挥学生饮用奶生产企业主体作用，鼓励企业开展宣传活动，开展营养科普、食育教育、工厂参观等，展示奶业行业及企业良好形象，开拓培育学生饮用奶市场。

（十）动员社会力量

联合营养机构、教育机构、基金会等其他组织，合力推动学生营养立法进程，推动国家“学生饮用奶计划”与“农村义务教育学生营养改善计划”等项目深度衔接，互相促进。鼓励和引导社会各界力量参与推广活动。

（十一）扩大国际交流

实施更大范围、更宽领域、更深层次的国际交流合作。加强与相关国际组织的沟通联络，积极参与国际交流活动，相互学习借鉴国际有关政策法规、标准规范、推广模式和先进经验等，实现互利共赢。

四、保障措施

（一）加强组织领导

充分发挥政府主管部门在支持指导和监督管理等方面的重要作用，学生饮用奶统一纳入政府相关职能部门乳品生产和质量统一监督管理。中国奶业协会负责全国的推广管理服务，各地方工作机构负责本辖区的推广协调服务。加大工作力度，强化协同配合，推动落实相关政策。

（二）发挥市场机制作用

充分发挥市场在资源配置中的决定性作用，强化学生饮用奶企业市场主体作用，推动各类市场主体参与服务供给，鼓励生产企业之间公平有序竞争，防止恶性竞标，充分发挥生产企业的主观能动性，优化资源配置，增强发展活力。

（三）强化科技支撑

依托科研院所、高校和科技企业，完善学生饮用奶推广专家顾问队伍，充分发挥专家团队在政策完善、标准制修订、培训、评估、危机应对等方面的技术支撑作用。

（四）积极争取经费支持

积极向有关管理部门申请政府购买服务或专项经费支持。调动学生饮用奶生产企业及相关单位积极性，在资金、技术、设备以及培训等方面提供支持服务，广泛动员社会力量参与推广实施，努力取得国家“学生饮用奶计划”推广新成效[①]。

国家卫生健康委关于印发托育机构保育指导大纲（试行）的通知

为指导托育机构为3岁以下婴幼儿提供科学、规范的照护服务，按照《国务院办公厅关于促进3岁以下婴幼儿照护服务发展的指导意见》的要求，国家卫生健康委组织制定了《托育机构保育指导大纲（试行）》。

《托育机构保育指导大纲（试行）》在第二章目标与要求中提出，托育机构保育工作应当遵循婴幼儿发展的年龄特点与个体差异，通过多种途径促进婴幼儿身体发育和心理发展。保育重点应当包括营养与喂养、睡眠、生活与卫生习惯、动作、语言、认知、情感与社会性等。

在营养与喂养方面，要求以获取安全、营养的食物达到正常生长发育水平和养成良好的饮食行为习惯作为喂养目标。在保育要点中，将婴幼儿分成7~12个月、13~24个月、25~36个月3个不同阶段，对这3个阶段婴幼儿饮食种类、饮食行为等进行了保育规范。并且提出如下建议：一是制定膳食计划和科学食谱，为婴幼儿提供与年龄发育特点相适应的食物，规律进餐，为有特殊饮食需求的婴幼儿提供喂养建议；二是为婴幼儿创造安静、轻松、愉快的进餐环境，协助婴幼儿进食，并鼓励婴幼儿表达需求、及时回应，顺应喂养，不强迫进食；三是有效控制进餐时间，加强进餐看护，避免发生伤害[②]。

2021年寒假大中小学生和幼儿健康生活提示要诀

健康生活方式有助于儿童青少年健康成长，有助于预防新冠肺炎等多种传染病、近视、肥胖、精神疾病和多种健康问题的发生。2021年1月26日，教育部组织全国中小学健康教育教学指导委员会专家提出《2021年寒假中小学生和幼儿健康生活提示要诀》，引导中小学生和幼儿合理安排假期防疫、生活、学习和体育锻炼，保持健康生活。

其中第三条提出，要合理膳食，均衡营养。饮食要营养均衡，食物种类要多样化，荤素搭配。适量食用鱼、禽、肉、蛋和坚果等，多吃新鲜蔬菜、水果、奶类和豆制品，多喝白开水，不喝含糖饮料，少吃零食、油炸食品。进食要规律，一日三餐进食时间相对固定，不暴饮暴食[③]。

---

① 搜狐网．中国奶业协会关于印发《国家“学生饮用奶计划”推广规划（2021—2025年）》的通知［EB/OL］．（2020-12-23）［2021-10-29］．https：//www.sohu.com/a/440126006_650170.

② 人口监测与家庭发展司．国家卫生健康委关于印发托育机构保育指导大纲（试行）的通知［EB/OL］．（2021-01-12）［2021-10-29］．http：//www.nhc.gov.cn/rkjcyjtfzs/s7785/202101/deb9c0d7a44e4e8283b3e227c5b114c9.shtml.

③ 教育部．2021年寒假中小学生和幼儿健康生活提示要诀［EB/OL］．（2021-01-26）［2021-10-29］．http：//www.moe.gov.cn/jyb_xwfb/gzdt_gzdt/s5987/202101/t20210126_511178.html.

教育部办公厅关于遴选全国学校食品安全与营养健康工作专家组专家人选的通知

近日，教育部印发《关于遴选全国学校食品安全与营养健康工作专家组专家人选的通知》（以下简称《通知》），贯彻落实全国教育大会、全国卫生与健康大会精神和《“健康中国 2030”规划纲要》《国务院关于实施健康中国行动的意见》《学校食品安全与营养健康管理规定》《校园食品安全守护行动方案（2020—2022 年）》有关要求，加强学校食品安全与营养健康管理，严防严管严控校园食品安全风险，保障师生饮食安全和合理膳食，发挥专家智库对学校食品安全与营养健康的咨询、研究、评估、指导、宣教等作用，组建全国学校食品安全与营养健康工作专家组（以下简称专家组），遴选专家人选。

《通知》提出遴选要求。明确专家组的主要职责是指导学校开展食品安全与营养健康工作，组织开展学校食品安全与营养健康研究，就学校食品安全与营养健康相关问题向教育部提出专业、科学的咨询意见和建议。

《通知》明确遴选条件。专家组专家要坚决拥护党的全面领导，全面贯彻党的教育方针，长期从事学校食品安全与营养健康工作，专业学术造诣高，具有高级职称且健康状况良好。由各省级教育行政部门推荐 1~2 名专家①。

经省级教育行政部门、市场监管总局、国家卫生健康委推荐，教育部体育卫生与艺术教育司资格审核，2021 年 10 月 27 日对拟确定的全国学校食品安全与营养健康工作专家组专家名单进行公示，该专家组由来自不同机构的 59 位专家组成②。

专家组专家名单见附录 2。

教育部办公厅关于开展 2021 年“师生健康 中国健康”主题健康教育活动的通知

为深入贯彻落实《“健康中国 2030”规划纲要》要求，牢固树立健康第一的教育理念，深入实施健康中国行动中小学健康促进专项行动，培养师生健康意识、观念和生活方式，提高师生健康素养，教育部决定 2021 年继续深入开展“师生健康中国健康”主题健康教育活动（以下简称主题健康教育活动），为推进健康中国建设、教育强国建设提供有力支撑。

主要内容部分中第（五）条提出，要合理营养膳食。落实市场监管总局、教育部、国家卫生健康委、公安部等四部门联合印发的《关于做好 2021 年春季学期学校食品安全工作的通知》，强化食品安全管理，保障校园饮用水安全，加强营养和膳食指导，改善学生营养膳食结构，倡导营养均衡和膳食平衡。加强饮食教育，引领学生践行“光盘”行

---

① 中国食品安全网．教育部印发通知遴选全国学校食品安全与营养健康工作专家［EB/OL］.（2021-03-29）［2021-10-29］. https：//www.cfsn.cn/front/web/site.searchshow? pdid=161&id=49366.

② 教育部．关于全国学校食品安全与营养健康工作专家组专家名单的公示［EB/OL］.（2021-10-27）［2021-10-29］. http：//www.moe.gov.cn/jyb_xxgk/s5743/s5745/A17/202110/t20211027_575503.html.

动，反对食物浪费，积极引导家长科学安排家庭膳食，培养学生科学的膳食习惯，形成健康饮食新风尚[①]。

关于开展2021年全民营养周暨“5·20”中国学生营养日主题宣传活动的通知（以下简称《通知》）

为贯彻落实《健康中国行动（2019—2030年）》和《国民营养计划（2017—2030年）》，深入推进合理膳食行动、学生营养改善行动，国民营养健康指导委员会办公室牵头会同相关部门和单位，以2021年全民营养周和“5·20”中国学生营养日为契机，以献礼建党百年、巩固新冠肺炎疫情防控成果、倡导合理膳食、杜绝浪费、预防疾病为导向，在全国组织开展系列营养健康主题宣传活动。

《通知》第一部分公布了活动时间与主题。2021年5月17—23日（5月第三周）作为第7届全民营养周，宣传口号为“健康中国 营养先行”，传播主题为“合理膳食 营养惠万家”。2021年5月20日为第32个“5·20”中国学生营养日，主题为“珍惜盘中餐粒粒助健康”。

《通知》第二部分为活动要求。第（二）条提出要紧扣主题，深入宣传推广。国民营养健康指导委员会办公室委托中国营养学会组织开发制作全民营养周主题宣传教育工具包，开展《营养健康餐厅建设指南》《营养健康食堂建设指南》《餐饮食品营养标识指南》和《中国居民膳食指南科学研究报告（2021）》核心信息的宣传教育；委托中国学生营养与健康促进会起草和解读《中国儿童青少年营养与健康指导指南（2021）》，倡议建设“营养与健康示范学校”。各地相关单位要围绕主题、突出重点，以全民营养周和“5·20”中国学生营养日活动为平台，配合国家层面的主题宣传活动，积极传播《营养健康餐厅建设指南》《营养健康食堂建设指南》《餐饮食品营养标识指南》《中国居民膳食指南科学研究报告（2021）》《中国儿童青少年营养与健康指导指南（2021）》核心信息，强化宣传合理膳食对于增强免疫、防控疾病的重要意义，关注学生营养与健康教育，倡导“三减”（减盐、减油、减糖）、“三健”（健康口腔、健康体重、健康骨骼），继续推广分餐制和使用公勺公筷等饮食风尚，倡导卫生、文明、杜绝浪费的饮食习惯，坚决杜绝食用野生动物的陋习，传承中华优良饮食文化，树立健康饮食新风，助力健康中国建设[②]。

---

① 教育部．教育部办公厅关于开展2021年“师生健康 中国健康”主题健康教育活动的通知［EB/OL］.（2021-03-25）［2021-10-29］. http://www.moe.gov.cn/srcsite/A17/moe_943/moe_946/202104/t20210406_524630.html.

② 中国政府网．关于开展2021年全民营养周暨“5·20”中国学生营养日主题宣传活动的通知［EB/OL］.（2021-04-08）［2021-10-29］. http://www.gov.cn/xinwen/2021-04/08/content_5598340.htm.

教育部体育卫生与艺术教育司关于印发《教育部体育卫生与艺术教育司 2021 年工作要点》的通知

2021 年 4 月 21 日，教育部体育卫生与艺术教育司发布《教育部体育卫生与艺术教育司 2021 年工作要点》的通知。该项工作的总体要求是以习近平新时代中国特色社会主义思想为指导，贯彻落实党的十九大和十九届二中、三中、四中、五中全会精神，贯彻落实习近平总书记关于教育的重要论述和全国教育大会精神，按照“五位一体”总体布局和“四个全面”战略布局，全面贯彻党的教育方针，深入贯彻落实《关于全面加强和改进新时代学校体育工作的意见》《关于全面加强和改进新时代学校美育工作的意见》，提高学生体质健康水平、健康素养、审美和人文素养，落实“健康第一”的教育理念，持续抓紧抓好教育系统常态化疫情防控、健康教育和儿童青少年近视防控，增强学生国防观念和国家安全意识，加强教育资源供给，为培养德智体美劳全面发展的社会主义建设者和接班人作出积极贡献。

工作要点第三部分要求推进学校卫生与健康教育常态化长效化体制机制建设。要求加强新时代学校卫生与健康教育工作，目标任务为印发《关于全面加强和改进新时代学校卫生与健康教育工作的意见》，具体工作措施为坚持“健康第一”的教育理念，深化健康教育改革，夯实卫生条件保障，完善学校卫生与健康教育政策制度体系。做好《关于全面加强和改进新时代学校卫生与健康教育工作的意见》任务分工、宣传解读、贯彻落实等工作。实施中国青少年健康教育行动计划（2021—2025 年）。深入推进健康中国行动中小学健康促进专项行动。组织拍摄义务教育阶段 80 节健康教育视频课程。实施青少年急救教育专项行动计划，研究实施中国校园急救设施建设项目。发布 2019 年全国学生体质健康监测与调研结果。同时要扎实做好校园食品安全工作，目标任务为推动各地严格落实《学校食品安全与营养健康管理规定》《校园食品安全守护行动工作方案（2019—2022 年）》，具体工作措施为联合相关部门印发加强春秋季校园食品安全工作的通知，健全管理制度，落实主体责任，加强学校校园及周边食品安全综合治理。开展健康饮食教育活动①。

关于印发营养与健康学校建设指南的通知

为贯彻落实《健康中国行动（2019—2030 年）》合理膳食行动、《国民营养计划（2017—2030 年）》和《学校食品安全与营养健康管理规定》，适应儿童青少年生长发育需要，推动学校营养与健康工作，规范学校营养与健康相关管理行为，国家卫生健康委、教育部、市场监管总局、体育总局联合组织制定了《营养与健康学校建设指南》（以下简称《指南》）。《指南》规定了建设营养与健康学校在基本要求、组织管理、健康教育、

① 教育部．教育部体育卫生与艺术教育司关于印发《教育部体育卫生与艺术教育司 2021 年工作要点》的通知［EB/OL］.（2021－04－21）［2021－10－29］. http：//www. moe. gov. cn/s78/A17/tongzhi/202105/t20210513_531266. html.

食品安全、膳食营养保障、营养健康状况监测、突发公共卫生事件应急、运动保障、卫生环境建设等九个方面的内容。

《指南》第七条要求各个单位将营养与健康学校建设纳入工作规划，并提供人员、资金等保障。第十一条要求明确健康教育课程课时安排。以班级为单位的健康教育课程开课率达到100%，每学期至少6学时。第十五条要求学校食堂和校外供餐单位要建立健全食品安全管理制度，并在显著位置公示。定期开展食品安全自查，发现问题和隐患立即整改，并保留自查和整改记录。第二十六条要求学校食堂和校外供餐单位要根据当地学生营养健康状况和饮食习惯搭配学生餐，做到营养均衡；制定食谱和菜品目录，每周公示带量食谱和营养素供给量，带量食谱定期更换。第二十七条要求学生餐每餐供应的食物要包括谷薯杂豆类、蔬菜水果类、水产畜禽蛋类、奶及大豆类等4类食物中的3类及以上。食物种类每天至少达到12种，每周至少25种。第三十一条要求建立健全学生健康体检制度，了解学生膳食、体重、骨骼、口腔、视力、脊柱、心理等状况，建立学生健康档案，将体检结果及时反馈家长，提出有针对性、有效的综合干预措施①。

中国奶业协会启动编制《中国奶业“十四五”战略发展指导意见》并发布《中国奶业奋进2025》

2021年2月3日，由中国奶业协会主办的《中国奶业“十四五”战略发展指导意见》（以下简称《指导意见》）编制工作筹备会在北京召开。中国奶业协会方面表示，《指导意见》将在第十二届中国奶业大会暨2021中国奶业展览会开幕式对外发布，旨在合力推进中国奶业在危机中育先机、于变局中开新局，加快实现我国奶业全面振兴。

会上，中国奶业协会副会长兼秘书长刘亚清提出，“十四五”时期奶业发展重点要把握五大发展脉络，紧扣三大方向。

五大发展脉络：一是贯彻新发展理念，谋划发展新战略。推进种养结合，草畜配套，促进养殖废弃物资源化利用，有效开发利用本土饲草饲料资源，构建集约化、标准化、组织化、社会化相结合的种养加协调发展模式。二是依靠创新驱动，挖掘发展新优势。推动大数据、云计算、物联网、人工智能、生物技术、冷杀菌技术、新型检测技术等同奶业创新深度融合，努力降低成本，提升效益。三是夯实现代化建设，谋求发展新格局。构建现代化的奶业生产体系、经营体系、供应链体系、质量监管体系和支持保护体系；四是优化产业结构，释放发展新动能。优化调整养殖加工布局，巩固发展北方主产区，打造我国黄金奶源带，开辟发展南方产区，促进奶源与加工合理布局。优化乳制品产品结构，在发展超高温灭菌乳的基础上，大力发展巴氏杀菌乳、发酵乳等本土优势产品，开发奶酪等高附加值产品；五是坚持对外开放，开创发展新局面。畅通国内大循环，促进国内国际双循环。坚持国内供给为主，进口调剂为辅，满足乳品多元化消费需求。

三大方向定位：一是谋势借势，构建现代化产业体系。构建系统完备、高效实用、智能绿色、安全可靠的奶业现代化基础设施体系。加强科技创新引领，实现前瞻性基础研

① 教育部．关于印发营养与健康学校建设指南的通知［EB/OL］．（2021-06-07）［2021-10-29］．http：//www.moe.gov.cn/jyb_xxgk/moe_1777/moe_1779/202106/t20210624_539987.html.

究、引领性原创成果重大突破。二是稳局布局，谋划奶业双循环发展格局。畅通国内大循环，促进国内国际双循环，形成需求牵引供给、供给创造需求的更高水平动态平衡。三是借机生机，回应人民对美好生活需求。加强科普宣传，引导人民青睐乳品，放心消费，提高奶类消费水平①。

为贯彻《中华人民共和国国民经济和社会发展第十四个五年规划和 2035 年远景目标纲要》精神，落实《国务院办公厅关于推进奶业振兴保障乳品质量安全的意见》要求，为系统提升中国奶业现代化水平促进高质量发展建言献策，为精准助力“乡村振兴”和“健康中国”战略贡献智慧，中国奶业协会组织相关单位和行业专家学者起草了《中国奶业奋进 2025》，于 2021 年 7 月 18 日正式发布。明确提出，到 2025 年，奶业实现全面整形，基本实现现代化，奶源基地、产品加工、乳品质量和产业竞争力整体水平进入世界先进行列的主要目标。

《中国奶业奋进 2025》要求推进国家“学生饮用奶计划”。加大国家“学生饮用奶计划”推广力度，扩大覆盖范围。落实学生饮用奶生产企业主体责任，保障质量安全。增加巴氏杀菌乳、发酵乳和干酪等产品种类，制定新增产品团体标准，保障安全性和规范性。修订推广管理办法，完善奶源基地、生产加工、质量管理、配送服务、校内操作、退出机制等管理规章制度，省级推广管理在线信息系统，提高推广管理效率。加强宣传教育，开展营养健康、校内操作、应急处理等方面的培训。推动学生营养立法进程，推动国家“学生饮用奶计划”与“农村义务教育学生营养改善计划”等项目深度衔接，互相促进②。

教育部等五部门关于全面加强和改进新时代学校卫生与健康教育工作的意见

加强新时代学校和幼儿园（以下统称学校）卫生与健康教育工作，是全面推进健康中国建设的重要基础，是加快推进教育现代化、建设高质量教育体系和建成教育强国的重要任务，是大力发展素质教育、促进学生全面发展的重要举措。为深入贯彻落实习近平总书记关于教育、卫生健康的重要论述和全国教育大会精神，把新时代学校卫生与健康教育工作摆在更加突出位置，提升学生健康素养，为学生健康成长和终身发展奠定基础，教育部等五部门就全面加强和改进新时代学校卫生与健康教育工作提出意见（以下简称《意见》）。

《意见》第二部分对深化教育教学改革提出具体要求。第八条要求保障食品营养健康。倡导营养均衡、膳食平衡。学校配备有资质的专（兼）职营养指导人员和食品安全管理人员，开展学生膳食营养监测，实施学生营养干预措施。根据年龄和生长发育特点，为学生提

---

① 新华网．加快奶业全面振兴 中国奶业“十四五”战略指导意见编制工作正式启动［EB/OL］．（2020－02－04）［2021－10－29］．https：//baijiahao. baidu. com/s？ id = 1690746559864850057&wfr = spider&for = pc.

② 中国奶业协会．中国奶业协会关于发布《中国奶业奋进 2025》的通知［EB/OL］．（2021-07-19）［2021-10-29］．http：//www. boyar. cn/article/1115474. html.

供均衡营养膳食。引导家长科学安排家庭膳食。加强饮食教育，引导学生珍惜粮食、尊重劳动、践行“光盘行动”、读懂食品标签标识，形成健康饮食新风尚。落实《学校食品安全与营养健康管理规定》，严格学校食品安全管理，全面落实学校食品安全校长（园长）负责制，完善学校负责人陪餐制度和家长委员会代表参与学校食品安全监督检查机制。建立学校安全饮用水管理制度，定期开展水质监测。加强校园及周边食品安全综合治理。

《教育部等五部门关于全面加强和改进新时代学校卫生与健康教育工作的意见》还对如何夯实卫生工作基础提出了明确要求，包括开展爱国卫生运动，健全疾病预防体系，实施体质健康监测，加强学校急救教育，推进卫生设施建设，优化组织机构设置，加大人才培养力度，完善激励保障机制，假设专业研究平台①。

市场监管总局等四部门印发关于统筹做好疫情防控和秋季学校食品安全工作的通知

2021 年 8 月 30 日，市场监管总局办公厅联合教育部办公厅、国家卫生健康委办公厅、公安部办公厅印发《关于统筹做好疫情防控和秋季学校食品安全工作的通知》（以下简称《通知》），部署统筹做好疫情防控和秋季学校食品安全工作。

《通知》第一条要求，各地市场监管、教育、卫生健康、公安等部门要按照国务院联防联控机制要求，统筹研究部署疫情防控和学校食品安全工作，细化措施压紧压实工作责任。要深入开展校园食品安全守护行动，不断完善校园食品安全管理协作机制，强化联动执法，形成监管合力，严防发生重大食品安全事件。

《通知》第二条要求，各地市场监管、教育部门要督促校外供餐单位和学校认真做好疫情防控，按照食品安全法律法规等要求，严格落实食品安全主体责任，采取有力措施消除食品安全风险隐患，并在开学前全面开展自查；要大力推进校外供餐单位和学校食堂“互联网+明厨亮灶”等智慧管理模式，充分运用大数据、云计算等技术，提升校园食品安全管理水平；要督促校外供餐单位和学校采取有效措施，引导学生养成厉行节约、反对食物浪费的良好习惯；发生洪涝灾害地区的校外供餐单位和学校食堂，不得使用洪水浸泡过的食品原料加工制作食品。

《通知》第三条要求，各地教育部门要督促学校落实《学校食品安全与营养健康管理规定》和《关于加强学校食堂卫生安全与营养健康管理工作的通知》要求，落实食品安全校长（园长）负责制和学校相关负责人陪餐制度，加强学校食堂等场所的食品安全管理。

《通知》第四条要求，各地市场监管部门要督促校外供餐单位全面落实食品安全主体责任，严格查验进货原料，按照《餐饮服务食品安全操作规范》要求，规范食品加工制作行为；进一步加大对校外供餐单位、学校食堂和学校周边食品经营者的监督检查力度和频次，做到全覆盖；强化禁止向未成年人售酒监管，严格执行学校周边不得设置售酒网点的规定。

《通知》第六条要求，各地卫生健康部门要加大对社会面疫情防控知识宣传教育，指

① 中国政府网．教育部等五部门关于全面加强和改进新时代学校卫生与健康教育工作的意见［EB/OL］.（2021-08-02）［2021-10-29］. http：//www. gov. cn/zhengce/zhengceku/2021-09/03/content_5635117. htm.

导学校开展食源性疾病预防知识教育。

《通知》第七条要求，各地公安机关要及时受理、依法立案侦查涉嫌犯罪的食品安全案件，依法严厉打击学校及学校周边食品安全犯罪行为①。

◎ 地方政府相关规定

中小学生营养餐怎么吃才营养？三部门联合发布《黑龙江省中小学学生餐营养指南》

为进一步落实教育部、国家卫生健康委、国家市场监督管理总局《学校食品安全与营养健康管理规定》《中共黑龙江省委 黑龙江省人民政府关于印发“健康龙江 2030”规划的通知》《关于印发健康龙江行动（2019—2030 年）专项行动实施方案的通知》，加强全省学校营养健康工作，保障广大师生身体健康，黑龙江省卫生健康委、教育厅、市场监督管理局联合印发《关于进一步加强中小学学校营养健康工作的通知》，发布《黑龙江省中小学学生餐营养指南》。

《关于进一步加强中小学学校营养健康工作的通知》第二条要求，明确职责规范管理。第三条要求，各部门要按照职责分工，进一步梳理工作任务，做好学生营养健康工作。学校、供餐单位和家庭参照《黑龙江省中小学学生餐营养指南》，结合学生饮食习惯和膳食结构，合理确定一日三餐营养占比，能量推荐摄入量早餐占比 25%~30%，午餐占比 35%~40%，晚餐占比 30%~35%。只提供一餐食的学校或供餐单位，参照《黑龙江省中小学学生餐营养指南》，合理确定所提供餐次营养占比。农村义务教育学生营养改善计划学校，食堂供餐的参照《黑龙江省中小学学生餐营养指南》，科学制定供餐食谱，做到搭配合理、营养均衡、确保食品新鲜安全；不具备食堂供餐条件的学校，提供课间加餐的应以提供优质蛋白的肉、蛋、奶等食物为主，不得以保健品、含乳饮料等替代。

《黑龙江省中小学学生餐营养指南》规定了 6~17 岁中小学生全天即一日三餐的膳食营养原则、能量和营养素供给量、食物的种类和数量、量化食谱等。第七条要求，实施营养改善计划的试点地区和学校参照有关营养标准，结合学生营养健康状况、当地饮食习惯和食物实际供应情况，科学制定供餐食谱，做到搭配合理、营养均衡。必须符合有关食品安全标准和营养要求，确保食品新鲜安全。供餐食品特别是课间加餐应优先选择优质蛋白质含量高，热量和脂肪含量相对较低的食品，比如：200 毫升专用学生优质奶一盒，儿童优质面包不低于 40 克一个或不低于 20 克两个，优质清真牛肉肠不低于 50 克一根等，确保优质蛋白质、营养素供应②。

---

① 中国政府网．市场监管总局等四部门统筹做好疫情防控和秋季学校食品安全工作［EB/OL］．（2021-10-29）［2021-10-29］．http：//www.gov.cn/xinwen/2021-08/31/content_5634410.htm.

② 黑龙江省教育厅．中小学学生餐怎么吃才营养？三部门联合发布《黑龙江省中小学学生餐营养指南》［EB/OL］．（2021-08-29）［2021-10-29］．http：//jyt.hlj.gov.cn/article/index？id=10261.

内蒙古自治区发展改革委 教育厅 市场监督管理局联合关于进一步加强内蒙古自治区中小学服务性收费和代收费有关问题的通知

根据《国家发展改革委、教育部关于规范中小学服务性收费和代收费管理有关问题的通知》的有关规定。2021年8月20日，内蒙古自治区发展改革委、教育厅、市场监督管理局联合发布《关于进一步加强内蒙古自治区中小学服务性收费和代收费有关问题的通知》。

其中，第二条规范中明确了中小学服务性收费和代收费范围。第（一）部分服务性收费项目和标准部分提到伙食费收费标准：有条件的地区和学校可以向有就餐需求的学生提供就餐服务，并按学生自愿原则进行就餐，不得强制或变相强制学生校内就餐。就餐伙食费标准由学校组织相关部门和人员根据成本，综合评估定价，据实收取，不得盈利。学校要加强伙食费管理，建立管理制度，按月公布收支情况，及时收集学生意见建议，主动接受学生、家长及有关部门的监督。对农村牧区寄宿制学校等专门提供家庭经济困难学生“免费午餐”地区，禁止再直接或变相向学生收取午餐等伙食费用。

第（二）部分在代收费项目和标准部分明确了学生奶费的标准：供应学生奶的地区和学校，要严格质量和收费监管，学生奶应按照国家相关规定取得学生奶认证标志，本着学生自愿的原则，由教育主管部门研究同意，学校组织实施。学生奶推广销售价格为2.25元/200（毫升·盒）、1.75元/125（毫升·盒）。

广东省卫生健康委关于广东省第十三届人大四次会议第1474号代表建议协办意见的函

省农业农村厅：

广东省十三届人大四次会议期间，郑杰等代表提出了关于加大力度推广低温学生饮用奶计划的建议，经研究，现提出协办意见如下：

我委赞同郑杰代表提出的关于加大力度推广低温学生饮用奶计划的建议，同时结合不同奶品的加工工艺、贮藏销售及营养特点，提出以下建议：

学生奶对于促进青少年的健康成长十分重要。为改善青少年健康状况，农业部、教育部等七部委于2000年联合启动了“学生饮用奶计划”，健康广东行动也提出到2022年奶及奶制品人均日消费量要达到75克，到2030年要达到300克的目标。为鼓励学生多消费奶类，我省在每年开展的“全民营养周”“5·20”中国学生营养日等重要时点开展的科普活动中，均向大众普及合理膳食、健康饮奶等营养知识理念，注重借助新媒体手段提升宣传效果，将“学生饮奶计划”纳入重要选题。

目前市场上流通的纯牛奶品种很多，按保存条件分为常温奶和低温奶。低温奶与常温奶一般分别指的是经过巴氏杀菌法和超高温瞬时灭菌法加工而成的牛奶。超高温瞬时灭菌法的灭菌过程温度更高，对细菌的杀灭作用更好，保质期更长。然而高温也会造成营养上的一些流失，如蛋白质、钙和维生素都会有一定程度的流失。而对学生来说，蛋白质和钙是生长发育需要的营养物质，因此从营养补充的角度来看，给学生饮用的牛奶，选用低温奶会更加好一些。但是低温奶在贮藏和销售过程中需要严格控制保存条件，温度一旦不符合要求，常常导致产品腐败变质，所以低温奶在流通过程中的安全控制和监督管理显得尤为重要。同时，低温奶由于增加了冷链运输要求，因此经济成本也会高于常温奶。

综上所述，选用低温奶还是常温奶各有利弊，需要结合实际情况来综合考虑[①]。

武汉市人民政府办公厅印发《关于做好国家“学生饮用奶计划”推广工作的通知》

各区人民政府，市人民政府各部门：

为进一步改善我市中小学生营养状况，促进青少年健康成长，落实好 2020 年省《政府工作报告》关于“稳步扩大国家‘学生饮用奶计划’覆盖范围”要求，经市人民政府同意，现就做好我市国家“学生饮用奶计划”推广工作的有关事项通知如下：

（一）统一思想，提高认识。国家“学生饮用奶计划”是在全国中小学校实施的学生营养改善专项计划，旨在改善中小学生营养状况、促进中小学生发育成长、提高中小学生健康水平，充分体现了党中央、国务院对青少年营养健康问题的高度重视和关怀。各区、各有关部门和单位要切实统一思想、提高站位，不断增强有效推进中小学生营养健康工作的责任感和使命感，将做好我市国家“学生饮用奶计划”推广工作作为贯彻落实《武汉市国民营养计划（2019—2030 年）实施方案》的重要内容，确保完成“到 2020 年中小学生奶及奶制品摄入量在现有基础上提高 20%以上、到 2030 年中小学生奶及奶制品摄入量在 2020 年基础上提高 15%以上”的工作目标。

（二）大力宣传，积极倡导。做好国家“学生饮用奶计划”推广工作应当坚持“政府倡导、社会支持、学生（家长）自愿”的原则。各区、各有关部门和单位要结合常态化疫情防控工作，加大对《武汉市国民营养计划（2019—2030 年）实施方案》的宣传力度，广泛宣传通过科学合理的营养膳食增强机体抵抗力的重要性，整体提高全市学生营养抗疫意识，积极倡导学生多食用奶以及奶制品，为进一步做好国家“学生饮用奶计划”推广工作营造良好社会氛围。各新闻媒体要大力宣传国家“学生饮用奶计划”，提高社会知晓率。中小学校应当向学生进行饮奶营养健康知识教育，倡导中小学生每日饮奶。鼓励企业、事业单位、社会团体和个人等社会力量公益捐赠学生饮用奶。

（三）严格标准，规范运作。为确保在我市推广的学生饮用奶符合“安全、营养、方便、价廉”的基本要求，按照《中国奶业协会关于实施〈国家“学生饮用奶计划”推广管理办法〉的通知》的规定，在我市实施学生饮用奶推广工作的企业应当为中国奶业协会审批认定的“中国学生饮用奶生产企业”，所推广的产品应当为包装上印制有中国学生饮用奶标志或者明确专供中小学生在校饮用的牛奶制品。在坚持国家“学生饮用奶计划”推广工作实行市场机制运作的前提下，各区、各有关部门和单位应当支持市委、市人民政

① 广东省卫生健康委员会．广东省卫生健康委关于广东省第十三届人大四次会议第 1474 号代表建议协办意见的函［EB/OL］．（2021-06-04）［2021-10-29］．http：//wsjkw. gd. gov. cn/gkmlpt/content/3/3307/mpost_3307953. html#2532.

府重点招商引资的企业依法依规为我市中小学生供应学生饮用奶。

（四）加强协作，强化监管。国家“学生饮用奶计划”推广工作政策性强、社会关注度高。各区、各有关部门和单位要密切配合、强化监管，确保相关工作规范有序，确保学生饮用奶安全营养、质优价廉。教育行政部门要结合实际制订实施方案，培养学生大课间“定时、定点、集中”饮奶的良好膳食习惯；市场监管部门要加强对学生饮用奶质量的监督检查；卫生健康、农业农村部门要立足职能职责配合做好推广工作；公安交管部门要为供奶配送车辆开辟“绿色通道”，确保学生饮用奶按时送达学校；各区人民政府要按照属地管理原则，细化工作措施，督促辖区中小学校进一步落实好相关工作要求，稳步扩大“学生饮用奶计划”覆盖范围①。

黄冈市人民政府办公室关于进一步做好国家“学生饮用奶计划”推广工作的通知

各县、市、区人民政府，市直相关单位：

为深入贯彻落实2021年省、市《政府工作报告》关于“加大国家‘学生饮用奶计划’推广力度，扩大城乡覆盖面”工作要求，进一步改善我市中小学生营养状况，促进青少年健康成长，经市人民政府同意，现就进一步做好我市国家“学生饮用奶计划”推广工作的有关事项通知如下：

（一）切实提高思想认识。国家“学生饮用奶计划”是在全国中小学校实施的学生营养改善计划，也是落实“健康中国”战略的重要举措，充分体现了党中央、国务院对青少年营养健康问题的高度重视和关心。各地、各相关部门要统一思想，提高站位，切实增强推进中小学生营养健康工作的责任感和使命感，将做好国家“学生饮用奶计划”推广工作作为贯彻落实《黄冈市国民营养计划（2019—2030年）实施方案》的重要内容，确保完成“到2030年，中小学生奶及奶制品摄入量在2020年的基础上提高15%以上”的工作目标。各地、各相关部门要加强领导，精心组织，努力提升国家“学生饮用奶计划”覆盖面，让全市更多的学生受益此项计划。

（二）加大正面宣传引导。做好国家“学生饮用奶计划”推广工作应当坚持“政府倡导、社会支持、学生（家长）自愿”的原则。各地、各相关部门要结合常态化疫情防控工作，加大学生营养知识的宣传教育和引导，积极倡导学生多食用奶及奶制品，通过科学合理的营养膳食增强机体抵抗力，整体提高全市学生营养抗疫意识。各新闻媒体要大力宣传国家“学生饮用奶计划”，提高社会知晓率，为进一步做好国家“学生饮用奶计划”推广工作营造良好社会氛围。教育行政部门要在加大义务教育阶段“学生饮用奶计划”推广力度的基础上，注重向高中、中职及学前教育阶段延伸。中小学校要加强政策宣传，向学生进行饮奶营养健康知识教育，通过健康讲座、校园开放日、学生及家长试饮等形式，引导中小学生每日饮奶，培养学生良好的饮奶习惯。

---

① 武汉东湖新技术开发区政务网．市人民政府办公厅关于做好国家“学生饮用奶计划”推广工作的通知［EB/OL］．（2020-11-19）［2021-10-29］．http：//www.wehdz.gov.cn/zwgk_53/dfbm/bgs/zc_43644/qtzdgkwj_43646/202011/t20201130_1522163.shtml.

（三）严格标准规范管理。按照《中国奶业协会关于〈国家“学生饮用奶计划”推广管理办法〉的通知》规定，在我市实施学生饮用奶推广工作的企业应当为中国奶业协会审批认定的“中国学生饮用奶生产企业”，所推广的产品应当为包装上印制有中国学生饮用奶标志或明确专供中小学生在校饮用的牛奶制品。在坚持国家“学生饮用奶计划”推广工作实行市场运作的前提下，各地、各相关部门应优先支持市委、市政府重点招商引资的部门要实行审核备案制度，严把学生饮用奶准入关。中小学校要将实施国家“学生饮用奶计划”纳入学校营养健康管理工作内容，明确工作机构和具体责任人，加强学生饮用奶贮藏、分发、饮用、回收等环节管理，指导学生在校定时、定点、集中饮用。学校不得代替企业向学生收费，由学生家长通过学生饮用奶缴费系统平台自愿订购。学生饮用奶在学校储藏、保管、发放中所产生的成本性费用由配送企业承担。

（四）明确职责加强协作。实施国家“学生饮用奶计划”是一项系统工程，政策性强、社会关注度高，各地、各相关部门要切实履责，密切协作，确保相关工作规范有序，确保学生饮用奶安全营养。教育行政部门要把推广“学生饮用奶计划”纳入学校年度考评内容，督促学校落实好相关工作要求，稳步扩大“学生饮用奶计划”覆盖面；市场监管部门要加强对学生饮用奶质量的监督检查；卫生健康、农业农村部门要立足职能职责配合做好推广工作；公安交管部门要为供奶配送车辆开辟“绿色通道”，确保学生饮用奶按时送达学校；各县（市、区）要按照属地管理原则，细化工作措施，为实施国家“学生饮用奶计划”创造良好的工作环境。

驻马店市人民政府办公室关于切实做好“学生饮用奶计划”推广工作的通知

为进一步贯彻落实国务院办公厅《关于推进奶业振兴保障乳品质量安全的意见》、河南省人民政府办公厅《关于印发河南省奶业振兴行动计划的通知》要求，深入推进全市奶业及相关产业健康发展，促进中小学生健康成长，现就做好我市“学生饮用奶计划”推广工作有关事宜通知如下：

（一）提高思想认识。国家“学生饮用奶计划”是一项在全国中小学校实施的学生营养改善专项计划，旨在改善中小学生营养状况、促进中小学生发育成长、提高中小学生健康水平，充分体现了党中央、国务院对青少年学生营养健康的高度重视和关怀。各县区、各有关部门要认真贯彻落实国务院、省政府关于大力推广国家“学生饮用奶计划”，推介产品优质、信誉度高的品牌等要求，切实提高对通过科学合理的营养膳食增强机体抵抗力、提升学生体质健康水平、促进学生健康发育成长重要性的认识，按照“政府引导、统一部署、严格把关、确保质量”的工作方针，充分发挥政府引导作用，积极宣传学生饮奶健康知识和重要意义，组织开展牛奶进校园行动，不断扩大“学生饮用奶计划”在城乡和各级各类学校的覆盖范围，确保推广工作顺利开展和目标全面实现。

（二）严格资质标准。按照《国家“学生饮用奶计划”推广管理办法》规定，学生饮用奶生产企业须经中国奶业协会组织审核并准予注册，经许可使用中国学生饮用奶标志，未经中国奶业协会审核认证的企业，不得向我市中小学生供应学生饮用奶。在坚持国家“学生饮用奶计划”推广工作实行市场机制运作的前提下，各县区、各有关部门应当支持市委、市政府招商引资的企业依法依规为我市中小学生供应学生饮用奶。支持行业龙头、国家一线品牌的骨干企业进行规模化的生产、储运、配送。

（三）坚持自愿原则。实施“学生饮用奶计划”，必须坚持学生自愿原则，不得强制征订。各县区、各有关部门应通过广泛深入宣传，积极正面引导，争取学生和家长的支持认同，逐步培养学生上午课间“定时、定点、集中”饮奶的良好膳食习惯，同时要关注和解决好家庭经济困难学生的饮奶问题。为方便家长、服务学生，由学生家长通过学生饮用奶交费系统平台自愿订购，学校不得代替企业向学生家长收费。

（四）加强安全管理。各县区、各有关部门、学校和供奶企业要强化安全意识，健全工作机制，加强学生饮用奶安全管理，确保学生饮奶安全。各学校应组织学生饮用具有“中国学生饮用奶”统一标识或由中国奶业协会确定专供中小学生在校饮用的产品，学生饮用奶直供中小学校，不准在市场销售。供奶企业要严格落实食品安全管理规定和行业要求，严格把控质量标准，确保产品质量达标。要切实加强学生饮用奶的订购、接收、储藏、分发、集中饮用、饮后包装物回收等环节的安全规范管理，学生饮用奶在学校储藏、保管、发送等有关工作中发生的费用由企业承担。

（五）强化统筹协作。推广实施“学生饮用奶计划”是一项系统工程，参与学生多、涉及面广，需要各县区、各有关部门共同努力，密切协作，精心组织，扎实推进工作落实。各级教育行政部门是实施“学生饮用奶计划”的组织者，要制定实施计划，细化工作措施，将学生营养健康和食品安全工作纳入学校考评体系，并把推广“学生饮用奶计划”作为提高学生营养和体质健康状况的一项重要工作组织好、落实好，定期研究部署推广工作，确保取得实效。学校是实施“学生饮用奶计划”的承办者，要大力宣传实施“学生饮用奶计划”的目的、意义、原则和方针，明确一名校领导负责此项工作，并确定专人具体负责组织实施；市场监管部门要加强对学生饮用奶质量的监督检查，确保奶品安全可靠；发改、财政、畜牧、卫健体委等部门要切实履职尽责，配合做好宣传推广工作。要严肃工作纪律，严把准入关口，依法依规实施，对有令不行、有禁不止、失职渎职，擅自订购和组织学生饮用非认定企业产品，造成食品安全事故的，要按照有关规定，严肃追责问责①。

茂名市教育局关于做好国家“学生饮用奶计划”工作的通知

各区、县级市教育局，茂名滨海新区行政服务局，高新区政法和社会事务局，局直属各学校：

为进一步贯彻落实《国务院办公厅关于推进奶业振兴保障乳品质量安全的意见》《广东省人民政府办公厅关于印发广东省国民营养计划（2017—2030年）实施方案的通知》《教育部、农业部关于加强“学生饮用奶计划”管理的意见》等文件精神，结合当前防控疫情工作实际，巩固疫情防控成果，增强学生体质健康，提高身体免疫力，普及营养知

① 驻马店市人民政府．驻马店市人民政府办公室关于切实做好“学生饮用奶计划”推广工作的通知［EB/OL］．（2021-02-09）［2021-10-29］．https：//www.zhumadian.gov.cn/html/site_gov/articles/202102/125120.html.

识，倡导科学饮奶。参照全省各地市做法，结合我市实际，现就做好国家“学生饮用奶计划”有关事项通知如下。

一、提高思想认识，坚持政府引导、学生自愿的原则

国家“学生饮用奶计划”是以改善中小学生营养状况、培养健康意识、提高中小学生体质为目的，在中小学校实施的学生营养改善专项计划。各地各学校应在当地政府的统一领导下，有组织、分步骤地积极稳步推进“学生饮用奶计划”。

开展“学生饮用奶计划”的学校，应坚持学生饮奶自愿的原则、尊重学生的意愿和选择、通过宣传教育引导学生自愿饮奶，任何单位都不得下达指令性指标。

各地各校要以“统一部署、规范管理、严格把关、确保质量”的工作方针，正确引导学生科学饮奶，养成良好的饮奶习惯，增强我市广大中小学生的体质。

二、加强管理，健全制度，保障顺利实施

各地各学校要加强对“学生饮用奶计划”的管理，按照有关通知要求，在国家认定的定点企业中进行招标，自主选定供奶企业，并签订供货合同，明确双方的权利与义务。

实施“学生饮用奶计划”的学校，应结合学校实际制定具体的管理制度和措施，明确一名校领导负责此项工作，并确定相应工作人员负责具体的组织实施。协助定点企业做好牛奶定购、分发、交费、废弃包装物的统一收集处理等工作。学生饮用奶在学校储藏、保管、发送中发生的费用由企业承担。

做好国家“学生饮用奶计划”实施的宣传工作，加强有关牛奶与营养健康（包括乳糖不耐现象）、食品卫生知识的宣传教育，可通过校会、主题班会、队会、黑板报、手抄报、营养健康讲座、家长开放日、致家长公开信等形式，加大学生营养知识的宣传教育和引导，倡导科学饮奶，培养良好习惯，使师生不仅知道牛奶的营养价值，养成饮奶的习惯，而且懂得如何从外观和口感上辨别合格的牛奶和变质的牛奶，在发现有问题的牛奶或发生饮奶不适反应时，如何正确对待和处理，为实施国家“学生饮用奶计划”创造良好的舆论氛围。

三、严格把关，确保学生饮用奶卫生安全

各地各学校要按照国家有关政策要求，严把学生饮用奶进校关，选用经国家有关部门认定的定点企业按照规定标准生产的、并在包装上印有“中国学生饮用奶”标志的学生饮用奶进入学校。要防止定点企业的不合格产品和非定点企业的乳品利用各种名目进入学校。含乳饮料不属于学生饮用奶，学校不得以实施“学生饮用奶计划”的名义统一组织学生饮用含乳饮料。

任何单位和个人不得以实施“学生饮用奶计划”的名义组织学生饮用未经国家有关部门认定和审批的牛奶。对假冒学生饮用奶的企业，教育行政部门要配合有关行政部门对其进行严肃查处。

四、建立学生饮用奶卫生安全防范机制

各地各学校要强化食品卫生安全意识，树立安全第一的指导思想，配合“学生饮用奶计划”定点企业建立健全学生饮奶安全防范和事故处理机制，包括日常的安全防范措施、发生安全事故的处理办法、防止学生产生心因性反应的预案等。

要防止个别学生因“乳糖不耐症”而产生饮奶不适所造成的不良影响。一旦发生乳

糖不耐所致的饮奶不适反应，教师应向学生进行解释，并及时让学生停止饮奶，进行必要的观察。要严格区分“乳糖不耐症”与食物中毒症状，未经卫生部门检测和化验，不要轻易得出食物中毒的结论，以免产生不良的社会反响。

学校应建立健全学生饮用奶安全事故的报告制度，发生食物中毒或疑似食物中毒事故，应及时报告当地教育行政部门和卫生行政部门，还应及时与当地学生饮用奶办公室取得联系，以使各有关方面共同采取措施，控制事态发展，并处理好有关善后事宜。

五、加强对定点企业的监管工作

各地农、牧行政管理部门和学生饮用奶计划工作机构，要积极会同其他有关政府部门加强对学生饮用奶生产定点企业的监管，督促其落实学生饮用奶质量承诺，严格生产质量管理，认真搞好配送服务，确保学生饮奶安全。对产品质量不合格和不按要求向学校提供学生饮用奶配送服务的，要进行查处，情节严重的要取消其定点生产企业资格，造成严重后果的，要协助有关执法部门追究其法律责任。

高密市教育和体育局关于加强和规范学生饮用奶安全及管理的通知

市直各学校（幼儿园），各镇（街区）中心校：

“学生饮用奶计划”是国家改善青少年营养与健康状况的重要措施。为进一步规范我市学生饮用奶管理，确保学生饮奶安全，根据教育部、农业部《关于加强“学生饮用奶计划”管理的意见》和山东省教育厅《关于继续做好学生饮用奶计划宣传推广工作的通知》精神，结合我市学校实际，现将有关要求通知如下：

一、加强领导，明确责任，积极稳妥宣传引导

奶类食品营养丰富，从原料到加工、贮运、销售、饮用的各个环节都可能因微生物繁殖造成产品变质，国家对学生集体饮用奶制品的供应有着严格的资质要求。因此，进一步加强和规范学生饮用奶卫生安全管理，正确引导广大中小学生科学合理地饮用牛奶，对青少年学生的健康成长有着十分重要的意义。

各级各类学校、幼儿园要高度重视学生饮用奶的引进和规范管理。凡是涉及集体供应饮用奶的学校，要进一步明确校长是学校食品安全第一责任人，进一步强化食品卫生安全责任意识，建立健全学生饮用奶管理工作机构，由一名校领导负责、专门工作人员具体组织实施。要结合学校实际，制定具体的管理制度和措施，确保学生饮用奶安全。

供奶学校要按照“积极引导、社会参与、学校组织、学生自愿”的原则，充分尊重学生的意愿和选择，不得以任何形式强迫学生和家长购买。

二、严格准入，加强管理，确保学生饮奶安全

1. 严格学生饮用奶准入制度。实施“学生饮用奶计划”的学校要严把学生饮用奶进校关。根据《国家“学生饮用奶计划”实施方案》要求，学校通过招标的方式，引进经国家有关部门认定的定点企业生产的“利乐”包装、带有“学”字标识的“中国学生饮用奶”。要防止定点企业的不合格产品和非定点企业的乳品利用各种名目进入学校。不提倡使用保质期较短的牛奶或袋装牛奶；严禁采购个体散户或鲜奶吧等生产加工过程不明、

质量和安全措施无保障的产品。含乳饮料不属于学生饮用奶，学校不得以实施“学生饮用奶计划”名义统一组织学生饮用含乳饮料和豆奶。

2. 落实饮用奶安全备案制度。学校要严格查验供奶生产厂家及经销商的卫生许可证、营业执照、组织机构代码、税务登记证、食品经营许可证及配送人员的健康证明、身份证明等相关证件的原件，并索取相关证件的复印件（加盖单位公章）备案、备查。要与供奶单位签订供奶合同，明确双方的权利与义务，严格落实学生奶质量安全及服务承诺。要索取每批次学生奶产品检验报告，对每天饮用的学生奶都要进行 48 小时留样，要有留样记录，以备待查。有关情况各学校应按规定程序向教体局报备。

3. 加强收费管理。学生饮用奶费要在市教体局的监督下，由企业根据有关规定和市场情况确定并报发改部门统一核定，学校不得在核定的价格之外任意加价或收取其他费用。学生饮用奶在学校储存、保管、发送中发生的费用由企业承担。收费前，学校要向学生家长发放带有回执的《致学生家长的一封信》，家长填写回执，学校收回存档备案。

4. 加强卫生安全管理。学校要设有足够面积的学生奶专用仓库，仓库要求卫生整洁，有冷藏设施，防鼠、防投毒等安全措施到位，有专人负责保管、分发等工作。要严格加温加热措施，一律不得打开包装加热后再次分装饮用，防止奶品变质造成交叉感染或二次污染，确保学生饮用奶安全。市教体局组织制定了《高密市中小学（幼儿园）“学生饮用奶”管理基本操作规范》，各有关学校应结合实际，参照规范要求严格抓好各项工作落实。学生饮用奶日常管理情况，纳入日常巡查、监管范围。

三、强化意识，健全机制，保障“学生饮用奶计划”顺利实施

1. 建立健全安全健康教育机制。推广学生饮用奶的学校应加强有关饮奶与营养健康（包括乳糖不耐现象）、食品卫生知识的宣传教育，使师生不仅知道牛奶的营养价值，养成饮奶习惯，而且懂得如何从外观和口感上辨别合格的牛奶和变质的牛奶，在发现有问题的牛奶或发现饮奶不适反应时，如何正确对待和处理。

2. 建立健全卫生安全防范机制。推广学生饮用奶的学校，要牢固树立“安全第一”的思想，认真配合学生饮用奶定点企业建立健全学生饮奶安全防范和事故处理机制，包括日常的安全防范措施、发生安全事故的处理办法，防止学生产生“心因性”反应的预案等。要做好特异体质及奶蛋白禁忌证人群的排查，防止个别学生因“乳糖不耐症”而产生饮奶不适所造成的不良影响。一旦发生“乳糖不耐症”所致的饮奶不适反应，教师应向学生进行解释，并及时让学生停止饮奶，进行必要的隔离观察。严格区分“乳糖不耐症”与食物中毒症状，未经卫生部门检测和化验，不得轻易得出食物中毒的结论，以免造成不良的社会影响。

3. 建立健全安全事故报告机制。发生疑似食物中毒事故，应在第一时间组织就医，立即报告教育、市场监管及卫生行政部门，并及时与供奶企业取得联系，积极配合有关部门进行调查，控制事态发展，处理好有关善后事宜。

4. 建立健全保证金监管机制。为强化学生奶供应公司责任意识，提高抵御安全风险的能力，加强部门监管作用，确保饮奶卫生安全，实行保证金三方监管制度。供奶公司在银行设立三方监管账户，按照每校 1 万元的标准缴纳保证金。若发生饮奶安全事故，由市教体局依据监管协议统一调配使用。同时，如在日常管理中发生供奶公司违反合同约定的

经营行为，学校有权进行处理。

5. 建立健全问责机制。对违反相关规定的，由市场监管等部门按相关规定予以经济处罚、市教体局予以通报批评；造成严重后果的，依照有关规定严肃追究学校领导人的责任。

湛江市教育局关于做好国家“学生饮用奶计划”工作的通知

各县（市、区）教育局，省直属学校：

为贯彻落实国务院办公厅《国民营养计划（2017—2030年）》《国务院办公厅关于推进奶业振兴保障乳品质量安全的意见》《国家“学生饮用奶计划”推广管理办法》《广东省农业农村厅和农垦总局等十厅局转发关于进一步促进奶业振兴若干意见的通知》等文件精神，进一步巩固疫情防控成果，增强学生体质，提高免疫力，现结合我市实际，推进国家“学生饮用奶计划”，特提出如下意见。

一、提高思想认识，推进“学生饮用奶计划”

国家“学生饮用奶计划”是以改善中小学生营养状况、增强健康体魄，提高学生体质为目的，按照“安全、营养、方便、价廉”的原则和“统一部署、规范管理、严格把关、确保质量”的工作方针，把实施“学生饮用奶计划”作为提升学生营养健康的一项重要工作，加强对“学生饮用奶计划”工作指导，推进落实“学生饮用奶计划”。落实主体责任，指定专人负责，确保国家“学生饮用奶计划”有效实施。

二、加大正面宣传，营造良好的舆论环境

各县（市、区）教育局要做好国家“学生饮用奶计划”实施的宣传工作，加大推广力度，组织中小学校和幼儿园通过主题班会、黑板报、手抄报、管养健康讲座、家长开放日、致家长公开信等形式，加大对学生营养知识的宣传教育和引导。将宣传普及饮奶营养健康知识融入饮食健康教育内容，为实施国家“学生饮用奶计划”创造良好的舆论氛围。

三、规范有序推进，确保“学生饮用奶计划”稳步实施

（一）工作原则

1. 坚持安全第一原则。各地各校要强化安全意识，建立健全机制，完善管理措施，加大巡查检查力度，确保学生奶饮用“安全、营养、方便、价廉”。

2. 坚持学生自愿原则，实施国家“学生饮用奶计划”，应坚持学生饮奶自愿的原则。任何单位和个人不得强迫学生订购学生饮用奶。不得任意加价或收取任何费用。

3. 坚持质量保证原则。实施“学生饮用奶计划”，须组织选择饮用具有中国学生饮用奶标志的产品，可优先选用学生和家长认可度、满意度高的企业产品，保证学生饮用奶的质量和安全。

4. 坚持规范操作程序。要坚持安全第一原则，学校应协助供奶配送单位做好学生饮用奶的订购、分发等工作，配备足够面积、卫生干净、整洁明亮、具有安全保障场所储存学生饮用奶，并明确专人负责接发工作。学生饮用奶在学校储存、保管、发放中发生的费用由企业承担。学校负责学生饮用奶在学校的组织、宣传、储藏、分发等工作。

（二）工作要求

1. 加强组织协调。各县（市、区）教育局负责所属学校实施“学生饮用奶计划”的组织、管理、协调与指导。

2. 积极稳步推进。积极推进学生饮用奶工作，逐年提升“学生饮用奶计划”覆盖率，让更多的学生营养与健康状况得到改善。

3. 注重宣传引导。大力宣传学生饮用奶营养健康知识，特别是疫情常态化防控情况下，饮用优质学生奶对提高免疫力的重要性，尽量保证学生每天能够饮用 300 克奶或奶制品。

4. 专业供奶配送。学生饮用奶供应配送工作由专业学生饮用奶配送公司承担，配送过程中的各个环节必须严格操作规程，确保学生饮用奶安全、及时、准确地送达。

四、明确工作责任，确保“学生饮用奶计划”落实

各地各学校要周密安排、精心组织、密切配合、各司其职、各负其责，保障中小学生喝到“安全、营养、方便、价廉”的学生饮用奶。教育行政部门负责实施国家“学生饮用奶计划”的组织与指导，要把此项工作作为学生营养健康与改善学生体质的一项重要工作宣传好、引导好、组织好。学校是实施“学生饮用奶计划”的具体承担者，在具体实施过程中，要严格管理，规范操作。对因工作不力造成集体食品安全事故的单位和个人，严肃追究有关领导和相关人员的责任。

睢宁县关于进一步加强学生饮用奶管理工作的指导意见

县市场监督管理局、县教育局、县卫生健康委员会、全县各中小学、幼儿园及其他相关学校：

学生饮用牛奶是改善学生营养结构、增强学生体质、促进学生健康成长的有效途径。为全面提高我县中小学生和学龄前儿童营养状况和身体素质，进一步加强学生饮用奶管理，现提出如下工作意见：

一、组织宣传发动

（一）给中小学生和学龄前儿童重点补充牛奶，既是一项有利于孩子身心健康发展的民心工程，也是一项重大的民生工程，更是一项有利于国家长远发展的民族振兴工程。各有关部门要从立教为民的高度，把此项工作作为贯彻落实科学发展观，为人民群众办实事、办好事的重要举措，切实抓紧抓好。

（二）各有关部门要在广大学生中进行广泛宣传，正确引导，在实施过程中坚持学生自愿饮奶的原则，充分尊重学生及家长的意愿和选择，严禁以任何形式强制或变相强制学生征订，逐步培养学生正确的饮奶方式及行为习惯。

二、严格资质标准

学校选用的学生饮用奶必须是经中国奶业协会许可使用“中国学生饮用奶”标志的专供中小学生在校饮用的牛奶制品，产品包装上必须印制“中国学生饮用奶”标志及“不准在市场销售”字样，坚决杜绝不合格“学生饮用奶”进入校园。

三、规范采购配送

（一）学生饮用奶由学校负责组织代订，鼓励教育部门进行统一招标，并和学生奶定点生产企业委托的经销单位签订《睢宁县学生饮用奶供奶合同》，明确双方的权利与义务。学生订购学生饮用奶的缴费办法，按学期或年度由各学校代收代缴，各学校班主任负责奶款回收以及饮奶确认单回收工作。

（二）学生奶定点经销单位，要确保从学生奶定点生产企业采购，且符合国家食品安全的相关要求，健全完善的经营管理制度和质量保证体系，在征订、配送、储存、领取与分发、饮用、回收各环节都要制定相应的工作制度。要为学校提供产品质检报告以及所有的资质证明，保证产品安全并对产品安全做出承诺。

（三）使用学生饮用奶的学校要结合本校实际情况，制定出具体的管理制度，协助“学生饮用奶”生产企业做好牛奶的征订、收费、配送、储存、记录、分发、留样、饮用、回收等工作。定点经销单位要严格规范流程，在各个环节都要制定相应的工作制度，以规范操作来保障学生奶的安全饮用。

四、明确职责分工

（一）县教育局负责协调有关部门制订实施标准、管理制度，定期开展专项督导检查；县市场监督管理局负责对学生奶销售、配送到饮用各环节产品质量进行定期与不定期抽查，强化对产品质量和食品安全监管；县卫健委负责食源性聚集性病例调查；发现食品安全事件要及时通报市场监管部门，开展流行病学调查并向市场监管部门提交流行病学调查报告。

（二）有关学校要明确一名分管副校长负责经销单位和学校的对接工作。同时要根据学生饮用奶采购需要，明确相关职责，做好工作。应设立单独的学生饮用奶存放点，符合安全、卫生条件；原则上存放在学校的学生饮用奶不得超过一个月的供应量。使用需要低温存储牛奶的要配齐配足存储设备，防止因存储设备不达标导致牛奶变质。

五、强化监督检查

（一）市场监管部门要督促指导定点经销单位加强产品质量管理，确保学生饮用奶必须符合国家食品安全的相关要求。对外地学生饮用奶定点企业进入我县学校供奶的，也要纳入统一管理范围。

（二）教育主管部门要牵头定期开展联合执法行动，对未取得学生奶标志和未履行备案准入的产品进入校园的依法予以取缔，对采购学生饮用奶未履行招投标程序的要坚决予以纠正，把学生饮用奶使用纳入健康规范的轨道。

始兴县“学生饮用奶计划”实施方案

为贯彻落实《韶关市教育局关于做好国家“学生饮用奶计划”工作的通知》，结合我县实际，提出以下实施方案。

一、目的意义

国家“学生饮用奶计划”是以改善中小学生营养状况、培养健康意识、提高中小学生体质为目的，在中小学校实施的学生营养改善专项计划。各校要以党的十九大精神和全国教育大会精神为指导，依据《国务院办公厅关于推进奶业振兴保障乳品质量安全的意见》《国民营养计划（2017—2030 年）》《广东省农业农村厅和农垦总局等十厅局转发关于进一步促进奶业振兴若干意见的通知》《韶关市教育局关于做好国家“学生饮用奶计划”工作的通知》，按照“安全、营养、方便、价廉”的原则和“统一部署、规范管理、严格把关、确保质量”的工作方针，周密安排、精心组织，规范管理、大力宣传，正确引导学生科学饮奶，养成良好的饮奶习惯，增强我县广大中小学生的体质。各校要高度重视，把实施“学生饮用奶计划”工作作为提高学生体质的一项重要工作落实好。实施“学生饮用奶计划”的中小学校要建立专门工作机构，指定专人负责。学校行政主要领导要负责本校“学生饮用奶计划”实施工作，明确各自职责和义务，切实做好本校“学生饮用奶计划”实施工作。

二、加大正面宣传

县教育局及各校召开实施国家“学生饮用奶计划”工作会议，传达贯彻国家、省、市有关文件精神，布置“学生饮用奶计划”的实施工作。讲清讲透国家相关政策要求和学生饮用奶营养健康知识，强化疫情常态化防控增加优质奶供应、提高免疫力的重要作用，尽量保证学生每天能够饮用 300 克奶或奶制品。

各校要做好国家“学生饮用奶计划”实施的宣传工作，加大推广力度，通过校会、主题班会队会、黑板报、手抄报、营养健康讲座、家长开放日、致家长公开信等形式，加大学生营养知识的宣传教育和引导，积极宣传学生饮奶的重要性，不断强化饮用优质饮用奶、提高免疫力的作用，将宣传普及饮奶营养健康知识融入食育教育内容，倡导科学饮奶，培育良好习惯，为实施“学生饮用奶计划”创造良好的舆论氛围。

三、工作原则

（一）坚持学生自愿原则。实施“学生饮用奶计划”，应坚持学生饮奶自愿的原则。企业应通过邀请有关部门、学校和学生家长代表实地参观生产过程及举办学生饮用奶知识讲座等形式，加强科学引导，争取家长和学生的认可与支持，引导学生自愿饮奶。任何单位和个人不得强迫学生订购学生饮用奶。

（二）坚持审核认证原则。根据国家对学生饮用奶定点生产企业实行资格认定制度的规定，学生饮用奶供应企业必须经审核认定，并拥有“中国学生饮用奶定点生产企业”证书和标牌。为保证学生饮用奶质量、安全，支持落户我省的国家特大型龙头骨干企业伊利与蒙牛集团进行规模化的生产、储运、配送。

（三）坚持规范操作程序。坚持安全第一的原则，进一步强化安全责任意识，规范学生饮用奶推广学校管理。各校每学期要开好“三会”（班子会、班主任会、学生家长会），认真细致地做好工作，切忌简单、粗暴，要向学生家长广泛宣传，讲清道理、说明原因，把好事办好。协助供奶配送单位做好学生饮用奶的订购、收费、分发等工作，配备足够面积、卫生干净、整洁明亮、具有安全保障的一楼房间储存学生饮用奶，并确定一名有责任心的专人负责接发工作。学生饮用奶在学校储存、保管、发放中发生的费用由企业承担，学校不得任意加价或代收费用。

为方便家长、服务学生，由学生家长自愿在学生饮用奶交费系统平台交费订购。学校不得代替企业向学生收费，只负责组织、宣传、引导，以及学生饮用奶在学校的储藏、保管、分发、废弃包装物的统一收集处理工作，以确保各项工作规范有序。

（四）坚持政府补贴原则。建档立卡的家庭经济困难学生，可以利用贫困学生相关资助资金订购学生饮用奶。

（五）坚持安全第一原则。各校要强化安全意识，建立健全机制，完善管理措施，加大检查力度，确保学生饮用奶安全。各学校应组织学生饮用具有“中国学生饮用奶”（“学”字标）统一标识的产品。学生饮用奶直供中小学校，不准在市场销售。

四、组织实施

（一）加强领导

为顺利做好推广“学生饮用奶计划”试点工作，按韶关市下发关于做好“学生饮用奶计划”工作通知的文件要求，县教育局决定成立推广“学生饮用奶计划”试点工作领导小组（以下简称领导小组）。领导小组负责全县实施“学生饮用奶计划”组织、管理、协调与指导工作，领导小组设立在县教育局德体卫艺股。

（二）明确目标

行分步实施，稳步推进。全县中小学生征订率2020年秋季力争达到70%，2021年力争达到80%，2022年力争达到90%，逐年提升“学生饮用奶计划”覆盖率，让更多的中小学生营养与健康状况明显改善。

（二）实施步骤

“学生饮用奶计划”的具体实施分以下3个阶段：

第一阶段：启动实施，奠定基础（2020年9月至2021年1月）

（宣传发动，启动实施）

举行“学生饮用奶计划”启动仪式，宣传贯彻国家、省、市有关文件精神，各中小学校要开展“学生饮用奶计划”宣传活动，充分调动学校、学生及家长参与的积极性，为下一阶段全面做好“学生饮用奶计划”奠定基础。

第二阶段：固强补弱、全面提升（2021年3月至2022年1月）

2021年进一步加大学生饮用奶推广力度，提升“学生饮用奶计划”覆盖率。全县各中小学校要依据《始兴县“学生饮用奶计划”实施方案》，结合上一阶段工作经验和先进经验，制定本校的实施方案，召开“学生饮用奶计划”实施工作会议。

第三阶段：巩固成果，实现目标（2022年3月至2022年12月）

到2022年底“学生饮用奶计划”覆盖率力争达到90%，让更多的中小学生营养与健康状况明显改善。

五、工作要求

（一）全县各中小学要将此项工作纳入绩效目标考核，作为年终评先、评优等工作的考核指标。以高度的责任感实施这项工作，广泛深入地开展学生奶营养知识的健康教育，使学生和家长了解坚持饮用学生奶对学生成长发育的积极作用，扎扎实实把这项工作做好。

（二）实施“学生饮用奶计划”的学校，要强化食品卫生安全意识，树立安全第一的思想，建立健全学生饮奶安全防范和事故处理机制，包括日常的安全防范措施、发生安全事故处理办法的预案等。

（三）积极会同市场监管、卫生健康等相关部门，加强对学生饮用奶定点生产企业产品的监管，督促企业落实学生饮用奶质量承诺，严格生产质量管理，杜绝不合格的饮用奶进入校。

（四）加强对实施学生奶饮用计划工作人员的管理和培训，坚决杜绝政审不合格、心理不健康等有关人员从事学生饮用奶和保管、运输、分发等工作，确保学生饮奶安全。

第三部分 重点学生饮用奶定点企业推广案例

◎ 蒙牛“营养普惠工程”，树立行业营养公益新标杆

自1999年创业之初，蒙牛便将社会责任作为内心坚守，将营养普惠理念融入企业发展策略中。自2002年起，蒙牛积极响应国家政策的号召，成为首批获得国家“学生饮用奶计划”定点生产企业资格的企业之一。多年来，蒙牛始终不忘初心，高标准、严要求地为在校学生提供一份安全优质的学生奶，不仅用自身优质的牛奶产品营养学生，更以品牌微薄的利润全力支持公益项目，从而更全面地营养少年儿童。

2017年，蒙牛率先响应农业部与中国奶业协会发起的“中国小康牛奶行动”，将蒙牛每年的牛奶助学行动升级成蒙牛“营养普惠计划”，为欠发达地区儿童捐赠学生奶，致力于提升欠发达地区儿童营养水平。近20年来蒙牛已累计捐赠10亿元，覆盖28个省、自治区及直辖市，惠及学生2 500万人以上。

创新形式，发挥自身和社会资源优势。2020年6月，蒙牛携手中国青少年发展基金会共同开展“营养普惠计划”，充分发挥中国青少年发展基金会系统、蒙牛经销商网络优势，深入基层学校了解需求，深化资助服务方式，引进社会各方的力量和教育资源，通过邀请专家现场授课等形式，为学生和老师们带去专业的营养知识、培养正确的饮奶习惯和健康的生活习惯。同年11月，蒙牛与中国青少年发展基金会正式宣布成立“蒙牛营养普惠基金”，积极扩大营养普惠计划的成效与影响力，以吸引更多组织、机构、个人参与到学生营养与健康公益事业中来。

打造“开放、包容、可持续发展”的公益创新平台。2021年蒙牛正式将“蒙牛营养普惠计划”升级为“蒙牛营养普惠工程”，以“营养普惠守护未来”为使命，以“让每个生命都拥有健康和快乐”为愿景，开展“普惠行动”“教育行动”“大健康行动”及“环保行动”四大公益行动，旨在以牛奶爱心捐赠计划为基础，在聚焦改善学生体质、关怀学生身心健康的同时，关注欠发达地区学生、教师等群体，开展助学项目，倡导绿色低碳生活方式，惠及更多有需要的少年儿童，并以“壹份爱 惠未来”项目确保资金来源稳定可持续，不仅用自身优质的牛奶产品营养学生，更以品牌微薄的利润全力支持公益项目，从而更全面地营养少年儿童，打造更全面、更综合、更专业的营养普惠公益体系。

蒙牛以“营养普惠工程”为平台联合更多公益合作伙伴开展公益项目。携手联合国

世界粮食计划署（WFP）、中国学生营养与健康促进会、中国青少年发展基金会开展深度合作，蒙牛“营养普惠工程”进一步扩大了成效与影响力。

蒙牛作为联合国世界粮食计划署学龄前儿童营养改善项目的合作企业，致力于学龄前儿童的营养改善，蒙牛集团为湖南湘西、广西靖西学龄前儿童营养改善项目区域近 5 000 名儿童免费提供学生饮用奶，通过该项目对中国乡村孩子的营养问题进行摸底分析，借鉴和参考国内外经验，期望推动政策立法，更好地解决乡村儿童尤其是贫困儿童营养改善问题，项目的实施有效改善了试点地区儿童的营养状况。

蒙牛携手中国学生营养与健康促进会、中国青少年发展基金会启动“中小学生饮奶与健康评估项目”，以调查学生饮奶现状，评估学生健康状况，提出科学健康建议为导向，以提升儿童青少年的营养健康为目标。通过开展中小学生健康项目同时汇聚公益暖流，持续践行营养普惠公益行动，为儿童青少年的营养健康提供优质营养支持。

作为中国乳业的龙头企业，蒙牛带动了产业链上下游和社会各界力量，汇聚爱心暖流，更好地帮助中国欠发达地区和特殊学生群体的健康成长，用一盒盒牛奶的力量，助力全国青少年营养健康，向社会书写着关爱与温暖，用行动诠释一个企业的社会担当，蒙牛未来星学生奶将躬身力行，专注少年儿童营养健康，做中国“学生饮用奶计划”的引领者。

◎ 从“营养 2020”到“营养 2030”，伊利许下十年守护承诺

伊利联合中国红十字基金会，积极响应农业农村部和中国奶业协会“中国小康牛奶行动”的号召，将已实施 4 年的“伊利营养 2020”精准扶贫项目升级为“伊利营养 2030”平台型公益项目，致力于用营养物资呵护孩子们的健康，用知识科普拓展孩子们的眼界，用关爱陪伴守护孩子们的梦想。升级后的公益项目，关爱对象更聚焦，项目内容更精准，参与主体更多元，用可持续的模式全心全意守护孩子们成长，让公益更有益。

2021 年 6 月 10 日，“伊利营养 2030”启动仪式在北京举行，农业农村部畜牧兽医局副局长魏宏阳、中国奶业协会副会长兼秘书长刘亚清、中国红十字基金会副理事长刘选国、伊利集团副总裁刘春喜为“伊利营养 2030”项目揭幕，鹊落小学、凤凰网、商道纵横等参加活动。

一个承诺，是初心不改的十年之约

早在 2017 年，伊利就在行业内首先响应“中国小康牛奶行动”，联合中国红十字基金会推出了“伊利营养 2020”精准扶贫项目。多年来，“伊利营养 2020”走过了最崎岖的山路、到过了最贫穷的地方、提供了最健康的产品、收获了最纯真的梦想。截至 2020 年底，“伊利营养 2020”已覆盖全国 25 个省、自治区、直辖市，累计投入 8 400余万元，60 余万个孩子和家庭从中受益。

从“营养 2020”升级到“营养 2030”，伊利秉持着责任初心，许下了十年的守护承

诺，更深远地践行企业责任，这不仅是伊利用营养守护孩子梦想的一种传承，更是伊利对未来十年反哺社会的一种承诺。农业农村部畜牧兽医局副局长魏宏阳现场给伊利点赞，他表示，伊利集团是“中国小康牛奶行动”最坚定的行动企业之一，“伊利营养2020”公益捐赠覆盖地区广、投入的资金和产品多；项目升级为“伊利营养2030”，积极作为，给今年“中国小康牛奶行动”开了个好头。

一场捐赠，开启营养与关爱的新征程

启动仪式当天下午，“伊利营养2030”首场捐赠在河南驻马店市上蔡县邵店镇前杨村小学举行，向驻马店市、平顶山市、南阳市、洛阳市、信阳市的8所小学捐赠18万盒伊利学生奶。

从2017年开始，“伊利营养2020”就来到了河南；今天，升级后的“伊利营养2030”从驻马店出发，开启了营养和关爱的新征程。2021年，伊利计划在内蒙古、云南、河北等15个省（区、市）开展40多场捐赠活动，将营养和关爱带给更多的孩子。

作为行业的龙头之一，伊利将发挥“平台型项目”优势，集众智、聚合力、稳扎稳打，希望有更多企业和个人参与到“伊利营养2030”中来，为每一个孩子都披上“营养”的铠甲，让孩子在追梦的路上勇往直前，成为孩子们成长路上的“守护者”，让公益更有益，让理想更靠近。

◎ 君乐宝：“坚持”抗疫，打通最后一公里

君乐宝乳业集团成立于1995年，业务范围主要包括婴幼儿奶粉、低温酸奶、低温鲜奶、常温液态奶（学生奶）、牧业等板块，在全国建有21个生产工厂和17个现代化大型牧场。2020年集团销售收入180亿元，连续多年销售增长率在行业领先。君乐宝乳业集团是河北省最大的乳制品企业，同时也是河北省农村学生营养改善计划最大的供餐单位。在各地“政府主导、部门协作、学校实施、社会参与”的新时代中小学生健康教育工作格局推动下，国家“学生饮用奶计划”进展顺利。5年来，君乐宝学生奶已覆盖河北、河南、江苏等7个省，每天累计300余万名中小学生在校期间喝上君乐宝学生奶。

“打通最后一公里”特殊时期将学生奶配送到家

2020年1月25日，新型冠状肺炎疫情突发，牵动了亿万中国人的心。君乐宝在做好企业自身防护的同时，积极贯彻落实“三保”行动，保障生产经营与市场秩序，确保产品“价格不涨、质量不降、供应不断”，增强公众战胜疫情的信心和勇气。尤其是为保障2020年春季小学生集中大面积供餐做好学生奶连续排产，并满产生产，以期一旦疫情解除，学校正式开学，学生能如期喝到安全、营养的学生奶。

2月，疫情导致乳制品严重滞销，君乐宝仍不惜任何代价，对全国近200个奶源基地按照协议足额足量收购生鲜乳，切实保障奶农利益，每日喷粉量约84吨，喷粉直接造成

企业经济损失 1 万元/吨，累计喷粉 6 000余吨，为疫情防控和稳定奶业生产做出重要贡献。

4 月，君乐宝会同蒙牛、伊利、三元、新希望等乳企向省委、省政府、省教育厅、省农业厅、省财政厅等提出“停课不停学、停课不停政策、停课不停营养”的建议，获得省委、省政府支持。

5 月，君乐宝用时一周，将“营养餐”采用“无接触配送”方式，送到 150 余万名农村中小学生家中，让居家学习的孩子们“营养不断档”，赢得了社会的广泛赞誉。河北省在全国范围内率先实现学生奶无接触配送到家，成为营养改善计划实施过程中的历史性一刻。“河北省农村学生营养改善计划”更是被老百姓称为：民心工程、德政工程、阳光工程。

提学生奶作业标准，夯千校安全大培训，重危机预防与管理

“营养改善，安全为先”。在疫情防控常态化管理下，君乐宝通过“四严两强一提”，即严控奶源生产及运输环节、严控产品加工环节、严控产品配送环节、严控产品饮用环节；强化人员管理、强化产品抽检；提升标准化体系管理要求。在学校实行“五个一”即：“一个工作机构、一间储藏室、一套制度、一本台账、一个留样箱”等标准化操作模式，在各环节质量安全管控上做到“标准精致、工作细致、服务极致”。确保孩子们每天喝到健康、营养的学生奶。

自 2019 年起，君乐宝连续三年开展春秋季“千校安全大培训”，让“规范是安全的保障”理念深入人心，截至目前，培训已覆盖 49 个区县、1 万余所学校。持续推进“标准化建设体系、培训管理体系、危机预防体系”三大系统运行，真正做到让政府放心、学校安心、家长欢心。

依企之力，蓄力前行。“学生饮用奶计划”是推动广大青少年养成良好饮食习惯、调整膳食结构的有力举措，同时也是实现奶业振兴的重要抓手，君乐宝将严控乳品质量安全生命线，发挥全产业链管控体系优势，为守护祖国下一代的营养健康，奶业振兴，健康中国贡献力量。

◎ 光明：传承百年革命精神，共促学生营养健康

2021 年，值中国共产党建党 100 周年，光明乳业历史 110 周年，光明品牌 70 周年之际，国家“学生饮用奶计划”2021 年“传承百年革命精神，共促学生营养健康”系列主题活动在浙江省平湖市正式拉开帷幕。活动当天，光明乳业向平湖市林埭中心小学捐赠光明学生饮用奶 1 300 箱。

浙江省平湖市早在 1991 年就在百花小学进行学生营养午餐试点，从营养性、食物多样性、可操作性等多方面进行营养午餐食谱的制作、评分和实施。疫情后，平湖市教育局会同平湖市财政局加大了对学生营养午餐的补助力度，通过营养合理搭配和伙食品味提高，改善营养午餐的质量。在平湖市大力支持营养餐时，光明乳业抓住先机，积极在浙江

省包括平湖市在内的多个地区进行学生饮用奶计划的知识培训和宣传推广。2020年9月，平湖市教委对光明乳业进行了深入的考察调研，最终达成合作，由光明乳业供应全市3万多名中小学生的日常饮奶，全力配合完成平湖市各学校的饮用奶配送。平湖市学生营养与健康促进会专家委员会委员胡承康表示："钙缺乏的问题使我市营养餐'头疼'了足足29年。光明学生奶的加入，极大提升了钙摄入。每100毫升光明学生奶纯牛奶中的钙含量约为100毫克，每天增加一盒学生饮用奶，使学生营养午餐的钙摄入量大大提升，使营养食谱的评分更高，让营养午餐更营养。"

据平湖市林埭中心小学陶副校长介绍，平湖市林埭中心小学作为一所百年老校，学校棒球队已获得全国、省、市级比赛9个冠军，2020年成为中国棒球队U10国家训练基地，其他的排球和棋类也成绩斐然。陶副校长还表示，"孩子们在日常学习和体育训练后来一盒学生饮用奶，能够及时进行能量补充，让活力加满。有了光明乳业的助力，孩子们棒球打得更远、排球扣得更准、棋艺变得更高，学习也会更上一层楼。"

牛奶是崇文小学2 800多名师生营养午餐的必备食品，孩子们每天最期待的就是发牛奶的时候。大口吃饭，大口喝奶，每个孩子脸上都洋溢着满足的笑容。浙江省平湖市学生饮用奶的成功推广，让光明乳业更加坚定了少年强则国强的信念，光明乳业也将继续坚守一杯奶的力量，共同守护孩子们的光明未来，让更多人感受美味和健康的快乐！

自2017年"中国小康牛奶行动"启动以来，光明乳业作为中国奶业D20企业联盟成员，积极投身中国小康牛奶行动，踊跃承担助力少年强的行业使命，即使在2020疫情年，光明乳业也没有停止学生饮用奶捐赠活动。光明乳业将始终坚持以实际行动践行公益，紧随"健康中国"战略，坚持食品安全生产理念，通过全产业链的生产管理，为青少年提供健康美味的学生饮用奶，保证青少年的健康成长！

◎ 新希望：希望有你，一路同行

"希望有你"是新希望乳业创立的公益平台。2010年以来，从"暖冬让爱多一度"项目，到"悬崖村的孩子不要怕"项目，到"希望有你为爱举手""希望有你为爱发声"，再到投身"中国小康牛奶行动"，新希望乳业在公益领域已持续11年。新希望乳业聚焦关注贫困山区儿童的健康成长，积极投入扶贫助教、抗震赈灾等公益项目，截至2021年，开展公益活动247场，募捐资金906万元，受益贫困儿童331万人。2017年"希望有你"荣获第六届中国公益节公益项目、公益影像、公益人物三项奖。2019年在由南方周末主办的第十一届"中国企业社会责任年会"上，新希望乳业"希望有你"公益平台荣获"2019年度创新公益项目"。"希望有你"作为一项社会公益平台，秉承"小公益，大影响"的理念倡导个人、组织、企业共同参与，身体力行做公益，将我们的爱心汇聚，关注贫困山区孩子的健康成长。希望所有的美好未来里，都有你！

2020年9月6日，成都城市音乐厅举办了一场特别的音乐会。在这场主题为"为爱十年唱响希望"的公益音乐会上，成都美歌者童声合唱表演团和来自大山里的藏区孩子代表用动听的歌曲唱出了纯真的童年和对美好生活的希望与憧憬，其中的藏区小朋友代表是新希望乳业“希望有你”十年公益活动的受益者和见证者。2020 年 6 月，“希望有你”携手众多公益伙伴、爱心人士来到甘孜藏族自治州理塘县，捐赠专业音乐器材，帮助孩子们挖掘音乐特长。为了更好地帮助孩子们实现梦想，新希望乳业特意组织举办了这场“为爱十年唱响希望”十周年公益音乐会，让乡村的孩子们站上舞台歌唱，助力孩子们的音乐梦。

2021 年是“十四五”开局之年，也是中国共产党建党 100 周年，健康中国建设将进入新的发展阶段。截至 2021 年，我国农村儿童生长迟缓问题得到一定改善，农村 6 岁以下儿童生长迟缓率从 2015 年发布的 11.3%降低至 5.8%，6~17 岁儿童青少年从 4.7%降至 2.2%。但营养跟不上、科学合理膳食普及不到位现象仍然存在，城乡也仍然存在一定差距。2021 年 5 月 24 日，新希望乳业“希望有你”公益平台携手中国营养学会专家、爱心企业、公益合作伙伴一起来到福建宁德市霞浦县盐田畲族乡南塘民族小学，举办了“希望有你，情系畲村”的公益活动。

此次畲村公益之行，新希望乳业为当地的孩子们带来了澳牛营养高钙牛奶及火星人教育资源。此次新希望乳业公益之行捐赠了 5 000件儿童高钙奶，为孩子们的营养保驾护航。

活动现场，中国学生营养与健康促进会陈永祥会长、新希望乳业党委书记郑世锋先生、南塘民族小学雷校长分别上台表达了对畲村当地儿童健康与营养的关注。“每一箱不远千山万水的牛奶，都承载着我们的希望”，新希望乳业党委书记郑世锋在现场动情地说道，“不远千山万水，传递爱与希望！我们坚信，每个孩子的梦想都值得守护，这也是新希望乳业多年来坚持公益的力量源泉。我们期望唤起全社会的爱心，汇聚更多力量，为孩子们带来爱与希望。”

多年来，新希望乳业一直关注乡村儿童的健康成长。孩子们的茁壮成长，离不开优质的营养，而优质的营养，离不开科学的饮食习惯。这一次新希望乳业也把食育课堂带到了这里，用寓教于乐的方式为学生们科普营养健康相关的知识，并且还邀请了华中科技大学同济医学院公卫学院杨雪锋教授，现场为小朋友们进行了均衡饮食重要性的科普教育。

教育是民族的希望，孩子是祖国的未来。每个孩子的梦想都值得被守护，每个微弱的希望都等待被照亮。从以“学生奶”为主的物质扶贫，到着力教育公益的可持续生态扶贫，“希望有你”平台跟随时代的变迁不断探索着新的公益之路。教育是民族的希望、孩子是祖国的未来。一个人的力量虽小，却能翻山跨海，掀起影响一群人的惊涛骇浪。在未来，我们也仍将坚守“希望有你”的初心和使命，不远千山万水，传递爱与希望。

◎“授人以渔”——三元学生奶营养 1+1+1 公益助学项目

2000 年国家“学生饮用奶计划”在全国范围正式启动，2000 年 11 月三元作为首批首家学生饮用奶定点生产企业，获得 001 号证书，21 年始终积极践行国家“学生饮用奶计划”，紧跟时代步伐，致力于为学生提供高质量学生饮用奶。

古人说，“授人以鱼，不如授人以渔”，给予人以物品，不如传授学习知识的方法，“鱼”是目的，“捕鱼”是手段，一条鱼能解一时之饥，却不能解长久之饥。当前，我国已经步入全面建成小康社会的决胜阶段、精准扶贫的攻坚阶段，但在人民生活水平不断改善的大趋势下，我国人均乳品消费不足，许多贫困地区的农村学生的营养摄入状况和营养知识普及程度不容乐观，这些地区需要饮奶的同时更需要普及营养健康知识。

2021 年，三元结合疫情常态化的大趋势和市场形势，启动中国小康牛奶行动——三元学生奶营养 1+1+1 公益助学项目，将公益活动和食育教育有机结合，在河南、河北、山东、安徽等地区，以公益为切入点，在开学、儿童节、中国学生营养日等重要时间节点，依托区县经销商，针对区县教育系统、学校捐赠学生饮用奶、牛奶科普书，并根据当地实际情况制定专属课程，邀请行业营养专家为当地教育系统领导、学校校长、学生饮用奶专管员等学生饮用奶计划相关人员讲一堂生动的食育营养健康课。截至目前，全国有 800 多万名消费者接受了三元乳制品的科普教育，三元公益捐赠的学生奶累计超过 500 万包。

三元学生奶营养 1+1+1 公益活动的核心目的不是去注满一桶水，而是要去点燃一把火，在经济欠发达地区捐赠“鱼（学生饮用奶）和渔（牛奶知识科普书）”的基础上，结合当前中小学营养健康现状开设理念先进的食育课，以提高当地相关领导对学生营养健康教育的重视程度。只有获得当地政府的认同，国家“学生饮用奶计划”才可能在当地更好地推广。

以河南地区为例：荥阳市龙门实验学校是由三元供应学生饮用奶的一所学校，2021 年 5 月 15 日，在北京举行的 2021 年“5. 20 中国学生营养日”主题宣传活动中获评“全国学生营养与健康示范学校”荣誉。三元以此为契机，于 5 月 21 日在荥阳举办营养 1+1+1 活动，当地教育系统主要领导、中小学校长均参加了活动，并组织了河南地区客户及意向客户参加，增加了当地相关领导对学生营养健康和学生饮用奶认知的同时，也为现有客户起到了很好的示范作用，增强了意向客户的信心，有助于后续形成良好的联动，对学生饮用奶计划的推广起到了积极的作用。

“少年强，则国强”，孩子是祖国的花朵，民族的未来。开展营养健康教育，培养健康的饮食行为习惯，是促进青少年健康成长，强健其体魄，提升全民健康素养的物质基础。未来，三元也会将此项目深化升级，为青少年营养健康贡献三元的力量。

◎ 爱心完达山，在公益路上砥砺前行

公益活动是企业回馈社会最好的方式，北大荒完达山乳业从成立之初发展至今，离不开国家、社会和消费者的支持。“完达山”是肩负着建国初期毛主席“让娃娃们长高一寸”的重托，从北大荒军旅文化中走出来的民族乳业品牌，身上流淌着红色血液与诚信基因，成立 63 年来，始终将社会责任担当在肩上，不断投入大量财力物力，助力我国公益事业的发展。2021 年，北大荒完达山乳业荣获全国“最美绿色食品企业”称号，被认定为高新技术企业，连续 18 年上榜中国 500 强最具价值品牌榜，连续 11 年入选亚洲品牌 500 强，企业品牌价值达到 462. 87 亿元。北大荒完达山乳业一直潜心公益，用责任诠释美好，以实际行动感恩社会，向大众传递国产乳制品的公益温情。

2021 年 9 月在黑龙江省虎林市教育局召开了“完达山乳业资助虎林市大学新生”大

会，大会由北大荒完达山乳业代表、虎林市教育局和当地扶贫办人员参加，此次北大荒完达山乳业共捐助 29 名贫困大学新生，共捐款 10 万元，北大荒完达山乳业将会每年对贫困大学新生进行捐助。

追溯以往，北大荒完达山乳业为广州五胞胎宝宝提供 3 年的免费奶粉；在由农业农村部联合中国奶业协会组织开展的“中国小康牛奶行动”启动仪式上承诺将捐助 4 个贫困县的 5 所小学；为动车事故小伊伊、出生就失去母亲的小紫沫送去完达山安力聪、元乳产品；汶川地震，第一时间向地震灾区捐资捐物，并组建了完达山青年志愿者义务献血服务队。北大荒完达山乳业一直不断投入大量财力物力，助力我国公益事业的发展。北大荒达山乳业还为困难奶户、患病家庭进行专项捐款，资助“贫困母婴公益 120 行动献爱心”等爱心活动近 300 万元，助力齐鲁第一书记攻坚扶贫，向地震灾区、抗洪抢险一线等捐资捐物，在公司内部开展爱心互助基金和“慈善一日捐”活动，其驻各省区的办事处、分（子）公司积极走访儿童福利院、敬老院、残疾人家庭，为他们送去了关爱和温暖，多次被各级政府授予“爱心企业”等荣誉称号。

北大荒完达山乳业秉承让更多的孩子喝上“安全、营养、方便、价廉”的学生饮用奶的精神，多次参加社会公益活动、校园活动，为活动助力、为青少年健康成长保驾护航。2021 年 2 月，为哈尔滨市两所中学捐赠学生饮用奶 1 500箱，以实际行动助力学生健康成长，践行了老牌国企的企业担当，为共筑免疫防线贡献了力量，充分彰显了积极奉献社会的大爱风尚。2021 年 8 月，北大荒完达山乳业向湖南省张家界桑植县捐赠 1 000箱学生饮用奶，驰援桑植老区，助力桑植抗疫，为奋战在抗疫一线的医务工作人员、志愿服务者送去温暖和爱心，为他们提供健康和营养保障。

2021 年 8 月 31 日，为配合国家多部委联合开展的《校园食品安全守护行动方案》，北大荒完达山乳业与中国食品安全报社达成战略合作，共同打造校园食品安全放心工程。

公益路上，北大荒完达山乳业始终认为做好公益事业靠的不是一朝一夕，而且也一直在付诸行动。未来，北大荒完达山乳业还将继续提高乳品品质，用安全、健康、高质量的乳制品回报消费者，为国人健康增添动力。同时，北大荒完达山乳业也将积极践行公益，以更加积极的面貌为我国公益事业做出贡献，让更多人感受到完达山乳业的温暖与关怀。

◎ 风行：生态牧场让学生奶领“鲜”一步

2000 年，中国政府以高度的历史使命感和责任感，站在强壮民族素质和振兴中国奶业发展的战略高度上，启动国家“学生饮用奶计划”。如今，这项计划已顺利实施 20 个春秋，栉风沐雨，励精图治，其对改善和提高我国中小学生营养健康水平、促进乳品消费和奶业振兴起着划时代的意义。

追溯到 2002 年，风行乳业经过层层筛选，成为广东省首批学生饮用奶定点生产企业，与“学生饮用奶计划”一起开启守护学生营养的新时代。回顾过往，在这项涉及几亿人切身利益的超大型工程中，风行尽锐出战，全力以赴响应国家号召，积极参与推动实施国家“学生饮用奶计划”，获得了阶段性的成绩，曾多次被评为国家“学生饮用奶计划”推广先进单位，是广东省内最具影响力的学生奶品牌之一。

风行乳业作为本土区域乳企，从 2013 年起开始供应广东贫困地区，如清远、韶关、阳江等地区供应学生营养餐项目，特别是连续 8 年供应广州市从化区、增城区营养餐，覆盖了近 130 所学校，惠及 10 万名学生。

风行乳业利用牧场在广州市区的优势，完善基础设施，升级牧业和工业体验游文旅项目，提升体验感，持续为幼儿园、中小学、亲子研学机构等单位提供牛奶科普教育基地。风行乳业多年来一直与教育部门和学校等形成良好的互动，坚持开放牧场、工厂参观，通过寓教于乐的方式开展牧业游、工业游等活动，进一步加强学生营养知识的宣导，推动学生营养意识的提高。2020 年 1 月至 2021 年 5 月期间，风行共开展了 182 场次的牧业游、工业游，共接待中小学生人次超过 6 324人次。在风行乳业的“十四五”规划中，计划把石滩工厂和仙泉湖牧场游打造成华南地区“中小学生牛奶科普教育基地”标杆。通过牧场游和工业游，让学生、老师及家长更直观地了解风行乳业产品的生产过程，让风行乳业主动接受群众的监督，同时也能让更多的人了解牛奶知识，更加放心地饮用牛奶。

从 2020 年新冠疫情肆虐以来，风行乳业积极开展爱心慰问捐赠，在 2020 年累计为医院、公安局、教育局、学校、交通部门等 20 余个单位，无偿捐赠了价值超过 20 万元物资，主动承担社会责任，为抗击疫情贡献风行乳业的力量。特别是在 2020 年期间，受疫情影响，大部分学校处于停课状态，风行乳业大力响应国家号召，开通学生奶绿色订购通道，保障“停课不停奶”，满足学生居家期间的营养摄入需求。返校后即刻恢复学生奶及营养餐供餐工作。2020 年 10 月，在由中国奶业协会主办的“第十一届中国奶业大会暨 2020 中国奶业展览会”上，风行乳业荣获“抗疫捐赠特别”表彰。

在今后漫漫征程路上，风行乳业将一如既往为学生营养与健康事业做出努力，为他们的成长护航。

◎ 南京卫岗：一杯好牛奶，茁壮向未来

作为首批荣获“中华老字号”称号的乳企，南京卫岗乳业始于 1928 年宋氏姐妹建立的国民革命军遗族学校实验牧场。在那样一个物资极度匮乏的战争年代，为解决学生营养问题，并培养他们“手脑并用”的习惯，宋氏姐妹从国外迁来 75 头良种奶牛，建成了当时南京最大的官办牧场。按规定，遗族学校学生每天上午第二节课后，每人必须饮一磅牛奶。因爱而生的卫岗乳业，可称之为最早以实际行动践行学生奶工作的企业。可以说，在中华民族博爱精神中诞生的卫岗乳业，是最早以实际行动践行学生饮用奶推广计划的企业。

自 2004 年起，卫岗乳业开展“万人看卫岗”项目，组织青少年开展乳品企业体验游，累计接待 20 余万人，其中青少年 9 万余人；搭建“新鲜教育”体系，推进“新鲜教育”课堂进社区、进校园、进课堂，自 2019 年至今已开展 150 余场，覆盖数十万人。

此外，卫岗还积极参与“中国小康牛奶行动”，已向 50 余所学校捐赠价值超过 218. 6 万元的饮用奶，惠及 110 余万名学生；持续举办卫岗巴氏鲜奶节，促进乳制品饮用体验及理念提升；2011 年至今，卫岗持续与相关政府部门合作举办“5. 20 中国学生营养日”公益活动；2020 年，卫岗乳业受邀参加由江苏省教育厅等部门主办的“江苏省校园食品安

全行”活动，通过直播平台向300余万名观众讲解科学饮奶知识。卫岗乳业向安徽寿县张李学校捐赠价值66万余元的学生用奶，再一次为孩子们的健康成长，为祖国的未来贡献一分力量。2012年卫岗为南京市福利院的孩子捐助的60万瓶牛奶，托举起孩子的未来；2014年为关怀“渐冻人”进行了黄金钙奶的现场义卖；2015年，5 000箱学生奶第一时间为雅安送爱心；2016年，针对3 000名留守流动儿童，用36 764瓶儿童营养牛奶为孩子们的健康成长添砖加瓦；2018年，由卫岗乳业董事长白元龙发起的同心贻芳行公益基金，捐款100万元用于支持团省委、省青基会重点公益项目“童享阳光”公益计划，让更多孩子看到未来和希望……

2017年，卫岗注资500万元成立了“同心·贻芳行”慈善基金会，主要用来支持奖教助学，帮扶贫困学生、留守儿童、特殊儿童、事实孤儿等公益项目。目前，基金会已陆续发起或参与了“乡村教育服务站”“小康牛奶行动”“同心彩虹行动：穿越2 000公里的爱——云南永胜行”（爱心书屋捐赠等）“奖教助学“”特殊学校共建”等系列教育公益项目，拥有成熟的运作经验及品牌影响力，社会效应逐步凸显。

目前，卫岗自建四大国家学生饮用奶奶源基地，并且全部通过验收，直接饲养奶牛10 000余头，日产生鲜奶达130吨；拥有2个国家“学生饮用奶计划”生产基地，2个江苏省学生奶生产基地，生产基地均按照国际乳制品加工的先进工艺，采用密闭管道化连续生产，设有日产1 100吨的多条生产线，设有的中央控制系统可自动监测和控制加工全过程，保证质量可追溯，关键工序实现在线自动监控；此外，卫岗自建冷链网络已覆盖全国72个城市，可实现全程恒温4℃冷链物流配送，在每天早晨7点前从工厂配送学生奶到学校，保证产品新鲜安全。

今天，卫岗依然为“中国小康牛奶行动”努力着，用扎扎实实的行动，助力健康中国梦，推动全面建成小康社会。今天，少年强，则国强。卫岗乳业将秉承初心，坚守新鲜战略，着力打造安全、健康、营养、美味的学生奶饮用环境，为改善国民膳食健康做出应有的贡献，助力“一杯奶强壮一个民族”伟大梦想的实现。推动牛奶助学公益，给孩子健康成长的条件，让大家在未来的路上发光发热，是百年老字号卫岗乳业义不容辞的责任。

◎ 天润“小天使”项目：教育与体验同行

少年儿童是祖国的未来和中华民族的希望，儿童营养与健康状况是祖国发展民族复兴的根本。2009年新疆地区试点推广“学生饮用奶计划”，新疆天润乳业作为新疆学生奶指定供应企业，服务至今。为响应《国务院办公厅关于实施农村义务教育学生营养改善计划的意见》的号召，更好地服务新疆学龄前儿童及九年义务教育阶段在校学生，新疆天润乳业股份有限公司积极参与抗震赈灾、“中国小康牛奶行动”、防疫慰问等爱心公益活动，并于2020年试点搭建了“天润‘小天使’项目”儿童健康公益平台。

天润“小天使”项目，以扩大社会对儿童健康的关注，给予儿童正确的心理及生理健康教育，加强儿童关于“学生饮用奶”计划的体验感和参与度，实现青少年儿童健康成长为长远目标。2021—2025年为天润“小天使”项目的第一个五年计划，项目包含

“新疆天润、强壮少年”儿童营养科普教育，“丝路云端观光牧场”教、学、研一体化，“小康牛奶计划”等爱心公益3个板块。2021年重点进行“丝路云端观光牧场”教、学、研一体化板块的试点及推进。

新疆天润西山烽火台牧场是集奶牛养殖、旅游观光、科普宣传、文化教育四位一体的学习体验平台，自天润“小天使”项目中“互动体验”板块“丝路云端观光牧场”教、学、研一体化项目实施以来，累计接待在校学生超3万人，免费为儿童提供参观门票、出行服务、互动物料等，项目累计投入354万元。

2020年六一儿童节期间，许多父母带着孩子来到了天润丝路云端牧场，5月31日至6月1日牧场接待游客量达到1 500多人。通过“六一童趣牧场活动”，家长和孩子们不仅了解了奶业的发展历史、新疆传统民族乳制品、酸奶种类等内容，还参观了天润乳业全自动化的挤奶过程和“学生饮用奶”专用生产线，这也让家长们对天润品牌及天润学生奶更加放心。

2021年5月28日，天润乳业工会联合妇委会在天润烽火台丝路云端牧场组织开展了“童心向党 礼赞百年”六一儿童节游研学活动。天润乳业各部门、各板块共17个职工家庭参加了本次活动。参加活动的家长和孩子们一起参观了奶牛科普馆，开展了饲喂小牛、DIY酸奶、试吃奶酪、观看党史微视频等形式多样的亲子活动，活动最后大家同唱国歌共庆党的百年华诞。

周恩来总理曾说过：“只有身体好才能学习好工作好，才能均衡地发展。”多年来，新疆天润乳业发扬兵团精神，持续关注儿童健康，用优质的奶源、优质的产品、优质的服务为千千万万家庭的希望和祖国的未来保驾护航。

如今，新疆天润乳业积极搭建“天润‘小天使’项目”儿童健康公益平台，从宣传教育、互动体验、爱心公益出发，在实践中探索，为儿童健康发展之路奠基。我们坚信，每一个孩子都是天使，让每个孩子的健康得到关注，是天润人当下的目标，让每个孩子都健康成长，是天润人未来的目标。

第四部分　媒体报道

◎ 两会之声

对十三届全国人大三次会议第 6922 号建议的答复

一、关于推动学生营养立法，使学生营养干预有法可依

2011 年 11 月，国务院办公厅印发《关于实施农村义务教育学生营养改善计划的意见》，启动实施农村义务教育学生营养改善计划。教育部联合财政部、食品药品监管总局、卫生部等 15 个部门，组织制定了实施细则、食品安全保障管理、专项资金管理、食堂管理、实名制管理、信息公开公示、营养健康监测评估、应急事件处理、餐饮服务食品安全监管、食堂建设等 10 个系统的管理制度，明确了中央各部门、地方各级政府、试点学校以及供餐单位的职责，做到了每件事情都有“规矩”，形成了一个相辅相成、互为补充的政策体系。这些涉及义务教育学生营养改善和健康促进的政策，既提供了重要的政策指引，又有规范制约作用，有力地提高了农村义务教育学生营养改善计划工作的科学化、规范化水平。

研究推动学生营养立法，对进一步加强营养改善工作有积极意义。此前，教育部已组织有关单位启动了有关调查研究工作，但由于目前立法资源较为紧张，相关立法尚未纳入立法计划。教育部将积极配合开展相关立法研究，待条件成熟后适时推进有关工作。

二、关于完善国家学生营养干预组织管理，制定学生餐营养国家标准

（一）关于加强学生营养干预管理。2012 年 5 月，教育部、卫生部等 15 个部门联合印发《农村义务教育学生营养改善计划实施细则》，明确卫生部门对学生营养改善提出指导意见，制定营养知识宣传教育和营养健康状况监测评估方案；在教育部门配合下，开展营养知识宣传教育和营养健康状况监测评估。

近年来，国家卫生健康委组织中国疾控中心等技术机构编制出版《中国学龄儿童膳食指南》《健康校园》《营养课堂》等多种膳食指导宣传材料和丛书，开发“学生电子营养师”膳食分析软件。与教育部门合作，每年组织 2～3 期国家级培训，并协助组织开展基层培训，有效提高了各级卫生健康和教育部门相关人员营养素养和营养配餐技能。同

时，组织开展“营养校园”“营养健康活力计划”等试点工作，针对学生、家长、教师、食堂工作人员以及学校管理者开展营养供餐指导，探索适合城市和农村、以学校为基础的儿童供餐指导模式。

（二）关于制定学生餐营养干预国家标准。教育部、国家卫生健康委高度重视学生营养健康工作，以推进学校营养供餐为切入点，着力加强学生营养改善。2017 年发布卫生行业标准《学生餐营养指南》，明确了 6~17 岁中小学生一日三餐的能量和营养素供给量、食物种类和数量以及配餐原则。2019 年，教育部、市场监管总局、国家卫生健康委印发《学校食品安全与营养健康管理规定》，明确要求食品安全监督管理部门应当将学校校园及周边地区作为监督检查重点，定期对学校食堂、供餐单位和校园内以及周边食品经营者开展检查，做好监督落实工作。

（三）关于完善营养改善计划实施办法。针对一些营养改善计划试点地区存在的政策理解和落实不到位等问题，2019 年，教育部、国家发展改革委、财政部、国家卫生健康委、市场监管总局印发《关于进一步加强农村义务教育学生营养改善计划有关管理工作的通知》，明确要求各地要坚持“既尽力而为，又量力而行”原则，结合当地经济发展实际及物价水平，在落实国家基础标准上，进一步完善政府、家庭、社会力量共同承担膳食费用机制，有效提高供餐质量，切实改善学生营养状况。同时，要求各地强化政府统筹作用，严格落实相关政策措施，保障试点工作所需经费、设施和人员等，及时解决存在的困难问题。

下一步，教育部将继续配合国家卫生健康委等部门，贯彻落实《学校食品安全与营养健康管理规定》有关要求，进一步探索适宜的学校营养供餐模式，推广简便易行的营养配餐技术，广泛开展营养健康宣传，推进各地积极落实《学生餐营养指南》，提高营养干预效果，切实改善我国学生营养健康水平。

三、关于巩固农村义务教育学生营养改善计划成果，扩大覆盖范围

（一）关于稳定国家、地方财政投入。2011 年，国家启动实施农村义务教育学生营养改善计划，对贫困地区学生给予营养膳食补助。其中，在集中连片特殊困难地区开展国家试点，所需资金由中央财政全额负担。同时，支持地方在贫困地区、民族地区、边疆地区、革命老区等开展地方试点，中央财政给予奖补。2019 年，为落实《教育领域中央与财政事权和支出责任划分改革方案》，中央财政对贫困地区学生营养膳食补助政策进行了调整完善，由原来的中央与地方分别制定膳食补助标准，调整为统一制定国家基础标准（每生每天 4 元），对地方试点补助标准达到 4 元的省份，中央财政按照每生每天 3 元标准给予定额奖补。截至 2020 年，中央财政累计安排膳食补助资金 1 703亿元。其中，2020 年安排 231 亿元，有效保障了营养改善计划持续稳妥实施。

（二）关于出台减免税等政策。为鼓励社团组织和企业参与营养改善计划积极性，近年来，我国采取了一系列有效措施。持续深化增值税改革，通过降低增值税税率水平、扩大增值税进项税抵扣范围等，明显降低了各类纳税人的增值税负担，销售鱼肉蛋奶及谷类蔬菜水果等学生营养食品的纳税人充分享受了改革红利。同时，在对农业生产者销售自产农产品免征增值税情况下，还允许下游计算抵扣，这实质是对食品加工行业特殊支持。此外，向政府提供服务和公益性捐赠行为差异较大，税收政策不宜简单比照。下一步，教育部、财政部将继续会同税务总局落实好相关政策，并将认真研究代表建议，在今后工作中

统筹考虑。

（三）关于将学龄前儿童纳入营养改善计划覆盖范围。教育部高度重视学前教育儿童营养改善问题，先后开展了专题调研、数据收集等一系列工作。调研结果显示，近年来，我国学前教育改革发展取得显著成效。2019 年学前教育毛入园率达到 83.4%，学前教育经费总投入为 4 099亿元，同比增长 11.63%，办园条件得到明显改善。据中国疾病预防控制中心统计，2015 年全国 5 岁以下儿童低体重患病率为 1.49%，生长迟缓率为 1.15%，贫血患病率为 4.79%，已提前实现《中国儿童发展纲要（2011—2020 年）》提出的到 2020 年将上述 3 个指标降低到 5%以下、7%以下和 12%以下的目标，学前儿童营养健康水平得到显著提升。

值得注意的是，虽然各地高度重视学前教育和在园儿童营养改善工作，但因经济社会发展水平不一，自然环境条件各异，地方财力和群众经济能力各有不同，各地学前教育城乡区域发展不平衡，学前营养改善工作仍存在一些困难和问题。

《国务院关于当前发展学前教育的若干意见》明确指出，地方政府是发展学前教育的责任主体。作为非义务教育阶段，学前教育成本应由举办者、家庭和政府共同分担，家庭对幼儿的营养状况需承担更多的责任。从国际经验看，即使在发达国家，家庭也是儿童养育的主要责任承担者，不是政府完全包揽。各地可根据当地实际，开展学前教育儿童营养改善工作。中央财政将加大学前教育发展支持力度，推动各地扩大普惠性学前教育资源，建立健全学前资助体系，并在资金分配时向贫困地区倾斜。

四、关于加强“国家学生饮用奶计划”与“农村义务教育学生营养改善计划”有机衔接

农村义务教育学生营养改善计划实施至今，各地均按要求建立了营养改善计划大宗食品及原辅材料招标制度，凡进入营养改善计划的米、面、油、蛋、奶等大宗商品及原辅材料都通过公开招标、集中采购、定点采购的方式确定供货商。有需求的地区在组织营养改善计划招标采购时，其限定条件受《中华人民共和国招标投标法》《中华人民共和国政府采购法》及相关法律法规规定的约束，符合条件、具备资质的企业都可参加。在严把产品质量的基础上，生产销售“中国学生饮用奶”标志牛奶产品的企业，可进一步加大宣传力度，提高产品在各地各校和广大学生中的知晓度和美誉度，为学生用户提供更多更好的高品质牛奶产品。

营养改善计划试点地区可结合当地实际，因地制宜制定符合当地饮食习惯，营养均衡、健康安全的膳食指南，加强“学生饮用奶计划”与营养改善计划衔接。同时，组织有关专家、机构，广泛开展学生营养健康教育，积极参与有关规范和标准制定工作，推进《学生餐营养指南》的落实，共同做好学生营养改善工作①。

---

① 中华人民共和国教育部．对十三届全国人大三次会议第 6922 号建议的答复［EB/OL］．(2020-09-27)［2021-10-25］．http://www.moe.gov.cn/jyb_xxgk/xxgk_jyta/jyta_ddb/202011/t20201102_497781.html.

对十三届全国人大三次会议第6924号建议的答复

一、答复第二点提出加强学生和儿童青少年饮食健康教育

国家卫生健康委员会针对营养健康突出问题，陆续颁布《食盐加碘消除碘缺乏危害管理条例》《营养工作规范》《营养改善工作管理办法》等法规、文件，在营养教育、营养指导等方面做出明确规定，规范各级疾控机构的职责和任务，促进营养健康改善工作。2019年，会同教育部、市场监管总局等部门印发《学校食品安全与营养健康管理规定》，强调落实校园食品安全责任，明确配备专（兼）职食品安全管理人员和营养健康管理人员，加强食品安全与营养健康的宣传教育，加强对学生营养不良与超重、肥胖的监测、评价和干预，培养学生健康的饮食习惯。2020年6月起实施的《基本医疗卫生与健康促进法》明确规定将健康教育纳入国民教育体系。同时，积极推进营养改善和食品营养相关标准体系的完善，2017年，国家卫生健康委员会发布《学生餐营养指南》卫生行业标准，规定6~17岁中小学生全天即一日三餐能量和营养素供给量、食物的种类和数量以及配餐原则等。正在会同教育部组织制定《营养与健康示范学校创建与评价技术指南》，在健康教育、膳食营养保障、食品安全等方面对营养与健康示范学校做出指导。

二、答复第三点提出持续推进营养改善项目

2011年国务院办公厅印发《关于实施农村义务教育学生营养改善计划的意见》，在我国中西部22个省集中连片特殊困难的699个国家试点县，为义务教育阶段学生提供每人每学习日3元营养膳食补助。2014年补助标准提升至4元，2019年将国家试点县扩增至726个。近年来，国家卫生健康委员会组织基层卫生教育人员培训，开发“学生电子营养师”配餐软件、编写供餐指南，通过“‘农村义务教育学生营养改善计划’监测评估与膳食指导”“营养校园”等任务及项目开发营养宣传教材和科普书籍，提高基层人员合理配餐技能，保证项目实施的有效性。

三、答复第四点提出在全社会开展营养健康科普宣传，加强食育建设

2016年国家卫生健康委员会发布《中国居民膳食指南（2016）》，其中根据儿童青少年、孕妇乳母、老年人等特定人群的生理特点和营养需求，提出针对性的膳食指导建议。以《中国学龄儿童膳食指南（2016）》为基础，通过中国儿童平衡膳食算盘等可视化图形帮助儿童青少年掌握平衡膳食相关知识。2018年发布《中国儿童青少年零食指南（2018）》，为学龄儿童合理膳食和零食选择提供科学指导。2020年组织开展全民营养周和中国学生营养促进日科普活动，向国民营养健康指导委员会成员单位和各省（市、区）印发全民营养周活动通知及方案，配套发送核心传播工具包，涵盖合理膳食、分餐、三减等主题32项内容。中宣部、教育部、农业农村部、国家新闻出版广电总局和中国科协等部委积极助力系列宣教工作，全民营养周核心工具包累计浏览、传播量达7亿人次。通过“中国营养与健康”“营养进万家”等微信公众号，结合“全民营养周”“中国学生营养日”“食品安全宣传周”等系列活动，向社会广泛宣传合理饮奶的营养健康知识。针对学生、教师、家长等重点人群，在学校和社区组织健康讲座、义诊和大型宣传活动等，宣传营养健康知识。通过多种措施，形成良好的社会氛围，促进全方位多途径的儿童青少

年营养健康教育开展。

下一步，各级卫生健康部门将根据学生营养健康监测结果，结合地方特点开展有针对性的膳食指导，加强学生餐指导信息化平台建设；配合教育等部门推进营养改善计划项目实施，加大对儿童、学生等特定人群的宣传推广力度。组织专家编写中小学营养教育参考教材及相关辅导材料，加强专业技术队伍培训和工作指导，推进学生和儿童青少年饮食健康教育，完善学生营养标准和工具，为政策完善和立法研究提供科学支持、积累实践经验[①]。

对十三届全国人大三次会议 5775 号建议的答复摘要

一、关于由教育部门牵头成立专门的管理机构，共同推进“学生饮用奶”计划的实施

2013 年 3 月，按照《国务院机构改革和职能转变方案》要求，学生饮用奶生产企业资格认定作为非行政许可审批事项被取消。2013 年 9 月，农业部会同教育部等七部门印发了《关于调整学生饮用奶计划推广工作方式的通知》，明确“学生饮用奶计划”推广工作方式由政府引导、政策扶持的方式转为充分利用市场机制和依靠社会力量，“学生饮用奶计划”推广工作整体移交中国奶业协会。2017 年 6 月，中国奶业协会印发了《国家“学生饮用奶计划”推广管理办法》，从专用标志、生产企业、注册程序、质量管理等方面做了规定，为全面推进“学生饮用奶计划”的实施提供了依据和保障。

下一步，教育部将会同有关部门，增加推广学生饮用奶计划的相关内容，加大学生奶营养知识的宣传普及力度，提高饮奶有益健康的认知水平，为改善中小学生健康水平做出更大的贡献。

二、关于以立法形式保障学生饮用奶计划的推行

我国的营养立法特别是学生营养立法起步较晚。2016 年，中共中央、国务院印发了《“健康中国 2030”规划纲要》，要求“加强健康法治建设”“加强重点领域法律法规的立法和修订工作，完善部门规章和地方政府规章，健全健康领域标准规范和指南体系”。2017 年，国务院办公厅印发了《国民营养计划（2017—2030 年）》，明确提出要“推动营养立法和政策研究”。2018 年，国家卫生计生委拟将《营养改善条例》列入国务院立法计划项目，修订《营养改善条例》。下一步，我部将会同有关部门，积极推进关于学生群体的营养立法工作。

三、关于成立专门的质量监督机构，对学生饮用奶质量严格把关

食品安全与营养健康是保障学生健康成长的重要前提。近年来，市场监管总局不断完善学校和乳制品（含学生饮用奶）食品安全管理机制。2019 年，市场监管总局会同有关部委先后印发《学校食品安全与营养健康管理规定》《关于落实主体责任强化校园食品安

① 中华人民共和国国家卫生健康委员会．对十三届全国人大三次会议第 6924 号建议的答复［EB/OL］.（2020-08-20）［2021-10-25］. http：//www. nhc. gov. cn/wjw/jiany/202102/83298bb4963e426d8da7d44a283e6354. shtml.

全管理的指导意见》《校园食品安全守护行动方案（2020—2022年）》等文件，明晰严管严控学校食品安全和营养健康管理政策依据，进一步健全完善学校食品安全依法治理体系。要求具备条件的中小学、幼儿园食堂原则上采用自营方式供餐，实行大宗食品公开招标、集中定点采购制度。同时，积极发挥市场监管职能作用，不断强化学校和乳制品质量监管。全面排查学校食堂食品安全隐患，加强对学校食物中毒和校园周边食品安全事件多发地区的督导检查；对乳制品生产企业许可申请材料严格审查，并将乳制品生产企业列为高风险食品生产企业，确保年度入场监督检查全覆盖。

下一步，市场监管总局将继续加强学校食品安全监管，对学生饮用奶质量严格把关。强化与教育等部门的协同联动，持续推进校园食品安全守护行动，督促落实学校食品安全校长负责制，推进“学生饮用奶计划”有序实施。

四、关于加快将巴氏杀菌乳纳入学生饮用奶计划之中

巴氏杀菌乳完好地保存了牛奶营养物质和新鲜口感，具有较高的营养价值。《国务院办公厅关于推进奶业振兴保障乳品质量安全的意见》提出要“大力推广国家学生饮用奶计划，增加产品种类，保障质量安全，扩大覆盖范围”。为落实《国务院办公厅关于推进奶业振兴保障乳品质量安全的意见》要求，中国奶业协会启动了增加学生饮用奶产品种类的试点工作，试点产品包括巴氏杀菌乳。目前试点产品团体标准和试点管理规范正在起草中，后续将组织开展试点企业生产及试点运作资质核查、产品评估、风险评估和过程评估等工作。试点工作结束之后将正式推广包括巴氏杀菌乳在内的新增学生饮用奶产品种类。

五、关于加强公益宣传和舆论引导，引领学子建立正确的牛奶消费观

公益宣传和舆论引导是国家“学生饮用奶计划”推广的重要工作之一。中国奶业协会发布《新时期国家学生饮用奶计划推广》白皮书；联合中央广播电视总台、人民日报等媒体通过视频报道、文字报道等多种方式，对“学生饮用奶计划”进行宣传；在“世界学生饮奶日”等重要节日以及中国奶业大会、中国奶业20强峰会等重要活动期间，对国家“学生饮用奶计划”进行专门宣传和展示。市场监管总局借助全国食品安全宣传周活动的影响力，指导各地不断强化乳品科普宣传。同时，充分发挥传统媒体和新兴媒体等作用，组织编发《2020年儿童节饮食安全消费提示》和《乳制品营养知识手册》，引导儿童科学饮食。国家卫生健康委把鼓励儿童青少年摄入适量奶及奶制品纳入居民膳食指南及相关营养标准。2017年发布的卫生行业标准《学生餐营养指南》要求学校供餐要提供每人每天200~300克牛奶或相当量的奶制品。

下一步，我部将继续配合国家卫生健康委、中国奶业协会等有关部门，进一步推进落实“学生饮用奶计划”，加强儿童青少年营养健康监测，加大儿童青少年奶及奶制品消费科普宣传力度，积极倡导科学饮奶，切实改善我国儿童青少年营养健康水平①。

---

① 中华人民共和国农业农村部．对十三届全国人大三次会议5775号建议的答复摘要［EB/OL］.（2020-11-05）［2021-10-25］. http：//www.moa.gov.cn/govpublic/xmsyj/202011/t20201120_6356638.htm.

关于政协十三届全国委员会第三次会议第 1949 号（医疗体育类 225 号）提案答复的函

在教育体系中开展健康教育，提高儿童青少年健康意识，提升健康素养，养成健康行为是实施素质教育的重要任务之一。教育部对此高度重视，着力从政策要求、课程落实、人才培养等多方面推进学校健康教育工作。

答复中提到，要以体育与健康为载体，落实健康教育教学内容。结合学生认知发展不同阶段和生活经验，在中小学体育与健康课程中将健康知识与技能的学习内容循序渐进的安排到五级水平中，五个不同水平互相衔接，完成中小学校健康教育的学习要求。例如，小学阶段注意引导学生懂得营养、行为习惯和疾病预防对身体发育和健康的影响。初中阶段要求学生了解生活方式、疾病预防等对身体健康的影响，自觉抵制各种危害健康的不良行为，初步掌握科学锻炼的方法，提高体能水平，基本形成健康的生活方式。高中阶段要求学生积极主动地参与运动，学会体育与健康学习和锻炼，增强科学精神、创新意识和体育实践能力，树立健康观念，形成健康文明生活方式，遵守体育道德规范和行为准则，塑造良好的体育品格，发扬体育精神，增强社会责任感和规则意识，为新时代健康文明生活做好准备。

利用“中国学生营养日”“全国爱牙日”“全国爱眼日”“世界无烟日”“世界艾滋病日”等卫生主题宣传日，在学校普及宣传健康科普知识①。

关于政协十三届全国委员会第三次会议第 1111 号（教育类 073 号）提案答复的函

一、完善义务教育阶段健康饮食教育体系

（一）制定有关政策文件

2008 年发布的《中小学健康教育指导纲要》明确规定中小学不同学段健康教育目标、内容、实施途径、保障机制等。《中小学健康教育指导纲要》明确把食品安全和营养健康作为健康教育重要内容，分阶段提出教学要求。

教育部联合其他部门发布《学校食品安全与营养健康管理规定》《关于落实主体责任强化校园食品安全管理的指导意见》《校园食品安全守护行动方案（2020—2022 年）》等文件，健全完善学校食品安全依法治理体系，加强食品安全和营养健康宣传教育。

国务院办公厅印发《国民营养计划（2017—2030 年）》明确提出学生营养改善行动，结合不同年龄段学生特点，开展课内外营养健康教育。2020 年 6 月 1 日起实施的《中华人民共和国基本医疗卫生与健康法》明确规定将健康教育纳入国民教育体系。

---

① 中华人民共和国教育部．关于政协十三届全国委员会第三次会议第 1949 号（医疗体育类 225 号）提案答复的函［EB/OL］.（2020-11-24）［2021-10-26］. http：//www. moe. gov. cn/jyb_xxgk/xxgk_jyta/jyta_twys/202012/t20201217_506109. html.

（二）开展课程研究和教材研发

根据《纲要》规定，目前，中小学道德与法治、科学、生物学、体育与健康、化学等多个学科均不同程度安排了相关内容，包括培育科学健康文明的饮食习惯、培养饮食安全和法治意识提升健康饮食能力等。

（三）强化教师队伍培养

对儿童青少年开展食品安全和膳食营养教育是中小学教师的重要职责，教育部要求各地在教师培训中把食品安全和营养的内容纳入教师培训课程。近年来，在“国培计划”示范项目中，专门设置骨干班主任、骨干少先队辅导员专项培训，提高对食品安全与传统饮食文化的深入认识。支持有条件的师范院校将食育课程纳入基础教育课程体系，提高师范学生的综合素养。

二、强化健康饮食管理

（一）制定健康饮食相关标准

国家卫生健康委组织制定并发布《中国学龄儿童膳食指南（2016）》《学生餐营养指南》《中国儿童青少年零食指南（2018）》等针对未成年人健康的标准及管理规范，为中小学合理配餐提供科学指导。

（二）加强校内及校园周边食品安全管理

国务院食品安全办多次组织召开全国校园食品安全工作电视电话会议，分析校园食品安全形势，部署加强校园食品安全管理工作。每年春秋季开学前后，教育部门均联合各级市场监管部门全面排查学校食堂和学生集体用餐配送单位食品安全风险隐患，加强对学校食物中毒和校园周边食品安全事件多发地区的督导检查。对学生集体用餐配送单位、学校食堂、校园周边餐饮门店和食品销售单位实行全覆盖监督检查，依法依规严厉查处“五毛食品”和腐败变质、超过保质期等不健康、不安全食品。国务院教育督导委员会办公室发布2020年第4号预警，要求各地、各部门和学校认真落实学校食品安全工作要求，坚决防止食品安全事故发生。

（三）严把食品生产关

市场监管总局2019年12月发布《关于加强调味面制品质量安全监管的公告》，要求统一“辣条”类食品分类、严格食品生产卫生规范和设施条件管理、加强原辅料和生产过程管控、严格标签标识管理、倡导减盐减油减糖、加强监督检查和抽样检验。

三、加大健康饮食宣传教育力度

《学校食品安全与营养健康管理规定》和《关于落实主体责任强化校园食品安全管理的指导意见》均对做好食品安全和营养健康宣传教育工作提出要求。通过综合实践活动和学生喜闻乐见的多种形式，推进包括食品安全和营养知识在内的学校健康教育。教育部多次在国家教育资源网组织开展食品安全和营养等健康教育知识有奖问答，组织开展“食品安全进校园”活动，通过专题讲座、主题班会、“小手拉大手”等形式宣传食品安全知识。市场监管总局借助全国食品安全宣传周活动，提高对食品安全和营养健康的认识。国家卫生健康委组织开展“全民营养周”“中国学生营养促进日”等活动促进儿童青少年健康教育。

下一步，教育部将联合市场监管总局、国家卫生健康委等相关部门，持续推进校园食品安全守护行动，共同守护校园食品安全。加强指导学校开展食品安全和营养健康教育活动，促进儿童青少年健康成长①。

关于政协十三届全国委员会第三次会议第 0423 号（教育类 032 号）提案答复的函

一、答复第一部分提出调整完善学生营养改善计划

（一）关于提高营养膳食补助标准

2011 年秋季学期，国家启动实施农村义务教育学生营养改善计划。中央财政为国家试点义务教育阶段学生提供每生每天 3 元（全年按 200 天计）的营养膳食补助，对地方试点按照 50%给予奖励性补助。

2014 年 11 月，中央财政对国家试点营养膳食补助标准从每生每天 3 元提高到 4 元，对地方试点奖励性补助也相应提高。2019 年，为落实《教育领域中央与地方财政事权和支出责任划分改革方案》，中央财政对贫困地区学生营养膳食补助政策进行了调整完善，将补助标准由中央与地方分别制定，调整为统一制定国家基础标准（目前为每生每天 4 元）。其中，对地方试点补助标准已达到 4 元的省份，按照每生每天 3 元给予定额奖补。

在此基础上，国家对义务教育阶段家庭经济困难学生还给予生活补助。家庭经济困难寄宿生按照小学每生每天 4 元、初中每生每天 5 元标准给予补助，家庭经济困难非寄宿生按照小学每生每天 2 元、初中每生每天 2. 5 元标准给予补助。学生获得的生活补助主要用于在校期间伙食费等方面的生活开支，基本满足了试点地区学生营养健康饮食的需求。

2019 年 11 月，教育部、国家发展改革委、财政部、国家卫生健康委、市场监管总局联合印发《关于进一步加强农村义务教育学生营养改善计划有关管理工作的通知》，明确规定，各地可结合当地经济社会发展实际及物价水平，在落实国家基础标准上，进一步完善政府、家庭共同承担膳食费用机制，有效提高供餐质量，切实改善学生营养状况。

下一步，教育部将会同财政部，结合经济社会发展水平和财力状况，适时研究调整营养膳食补助国家基础标准，并督促地方政府有关部门完善营养改善计划支持机制，让营养改善计划这项德政工程、民心工程、民生工程真正落到实处。

（二）关于在学前教育阶段实施营养改善计划

教育部高度重视学前教育儿童营养改善问题，先后开展了专题调研、数据收集等一系列工作。调研结果显示，近年来，我国学前教育改革发展取得显著成效。2019 年学前教育毛入园率达到 83. 4%，学前教育经费总投入为 4 099亿元，同比增长 11. 63%，办园条件得到明显改善。据中国疾病预防控制中心统计，2015 年全国 5 岁以下儿童低体重患病率为 1. 49%，生长迟缓率为 1. 15%，贫血患病率为 4. 79%，已提前实现《中国儿童发展纲要（2011—2020 年）》提出的到 2020 年将上述 3 个指标降低到 5%以下、7%以下和 12%以下的目标，学前儿童营养健康水平得到显著提升。

---

① 中华人民共和国教育部．关于政协十三届全国委员会第三次会议第 1111 号（教育类 073 号）提案答复的函［EB/OL］.（2020－11－03）［2021－10－26］. http：//www. moe. gov. cn/jyb_xxgk/xxgk_jyta/jyta_twys/202012/t20201209_504382. html.

二、答复第三部分强调了推动营养干预与扶贫有机结合

2011 年 11 月，国务院办公厅印发《关于实施农村义务教育学生营养改善计划的意见》，要求各地应从实际出发，多途径、多形式地开展学生营养改善工作。鼓励食品原料采购本地化，通过集中采购、与农户签订食品原料供应协议等方式，妥善解决学校食堂副食品、蔬菜供应问题。各地认真落实上述要求，采取建设食材生产配送基地、雇用食堂工勤人员等多种方式，积极推进“校农结合”，在改善贫困地区学生营养状况同时，推动了学校农产品需求与农村产业发展精准对接，为贫困地区直接和间接提供了几十万个工作岗位，有力带动了农民增收和当地经济发展，促进了脱贫攻坚和乡村振兴战略的实施。

食品安全始终是营养改善计划工作的重中之重。2019 年教育部会同国家卫生健康委、市场监管总局等有关部门，印发《关于进一步加强农村义务教育学生营养改善计划有关管理工作的通知》，要求各地要建立供餐准入、退出机制，健全大宗食品及原辅材料采购、食品采购索证索票、进货查验、供应商评议制度，确保食品采购、贮存、加工制作等关键环节安全可控。加强对学校食堂从业人员和陪餐人员健康、环境卫生、饮用水源和食品采购、运输、贮存、加工、留样、餐用具清洗与消毒的监督管理，强化全过程、全链条监管。

国家卫生健康委也将农村学生营养健康状况纳入中国居民营养与健康状况监测内容，对农村学生体格发育、营养相关性疾病流行、膳食摄入、饮食行为、营养知识知晓等现状和变化趋势进行动态监测，为防控政策调整提供数据支撑。同时，结合我国农村儿童膳食特点和学生营养状况监测中发现的问题，组织相关技术机构编制了《学生餐营养指南》，开发了“学生电子营养师”营养配餐软件，编写了《农村学生膳食营养指导手册》《农村学校食堂工作人员手册—营养与食品安全部分》《健康校园》《食育》等膳食指导和科普宣传资料，帮助农村地区学生提供营养健康知识知晓水平，养成良好饮食行为习惯①。

三、答复第四部分提到关于加强农村学校健康教育

为加强中小学健康教育，2008 年，教育部印发《中小学健康教育指导纲要》，明确规定健康教育内容包括 5 个领域：健康行为与生活方式、疾病预防、心理健康、生长发育与青春期保健、安全应急与避险。根据儿童青少年生长发育的不同阶段，依照小学低年级、小学中年级、小学高年级、初中年级、高中年级五级水平，把 5 个领域内容合理分配到五级水平中。学校要通过学科教学和班会、团会、校会、升旗仪式、专题讲座、墙报、板报等多种宣传教育形式开展健康教育。学科教学每学期应安排 6~7 课时，主要载体课程为《体育与健康》。对无法在《体育与健康》等相关课程中渗透的健康教育内容，可以利用综合实践活动和地方课程的时间，采用多种方式，向学生传授健康知识和技能。

为做好健康教育相关人才的培养工作，教育部支持有条件的高校依据《普通高等学

---

① 中华人民共和国教育部. 关于政协十三届全国委员会第三次会议第 0423 号（教育类 032 号）提案答复的函［EB/OL］.（2020-10-28）［2021-10-26］. http://www.moe.gov.cn/jyb_xxgk/xxgk_jyta/jyta_ddb/202011/t20201125_501544.html.

校本科专业设置管理规定》，依法自主设置相关专业。继续实施部属师范大学师范生公费教育政策，并支持各地结合实际需求，推进地方公费师范生培养，包括定向招录健康教育等专业的地方公费师范生，为加强农村学校健康教育提供师资保障①。

关于政协十三届全国委员会第四次会议第 4825 号（医疗体育类 123 号）提案答复的函

农业农村部高度重视此项提案办理，组织中国农业科学院、全国畜牧总站、中国农业大学和中国奶业协会等单位专家赴河北、江苏、山东等 7 个省份开展实地调研，对北京、河南等 9 个省份进行了书面调研。部分政协委员应邀参与了实地调研。从调研情况看，你们提出的关于支持“学生饮用奶”奶源基地建设、提高“学生饮用奶”补贴标准、扩大“学生饮用奶”推广覆盖范围等建议，很有现实意义。

一、关于支持“学生饮用奶”奶源基地建设情况

农业农村部把奶源基地建设作为奶业振兴的突破口，综合施策，合力推进。一是加强奶牛良种繁育体系建设。推进奶牛遗传改良计划，实施优质奶牛种公牛培育技术应用示范项目，启动荷斯坦牛种质自主创新联合攻关，鼓励应用基因组选择技术，拓宽优秀种质资源来源，解决国内牛源短缺问题。二是扩大奶牛生产性能测定规模。2021 年，参与生产性能测定的奶牛数量从之前的 16 万头扩大到 100 万头，约占我国高产牛群体的 40%，为奶牛场优化饲料配方，实现精准管理提供了有力支撑。三是大力发展优质饲草料。持续推进粮改饲，全株玉米青贮饲喂基本普及。建设高产优质苜蓿示范基地，推广应用青贮苜蓿饲喂技术，2020 年优质苜蓿基地累计达到 650 万亩，苜蓿产量达到 310 万吨。四是严格质量安全监管。连续 12 年实施生鲜乳质量安全监测计划，对生鲜乳收购站和运输车进行全覆盖抽检。2020 年全国共抽检生鲜乳样品 1.1 万批次，现场检查奶站 0.61 万个次、运输车 0.58 万台次。生鲜乳抽检合格率达到 99.8%，三聚氰胺等违法添加物多年未检出，营养卫生指标达到发达国家水平。2020 年全国牛奶产量 3 440 万吨，同比增长 7.5%，今年上半年同比增长 7.6%。依靠国产奶源，完全可以保障“学生饮用奶”安全稳定供应。下一步，农业农村部将持续加大政策支持和监管工作力度，推动奶牛养殖进一步提单产、提质量、降成本，奶源自给率达到 70%左右。

二、关于提高“学生饮用奶”补贴标准和推动扩大“学生饮用奶”推广覆盖范围

2013 年 9 月，农业农村部和国家发展改革委、教育部、财政部等七部委联合发文将“学生饮用奶计划”的实施工作整体移交中国奶业协会。此后，“学生饮用奶”主要由各级奶业协会负责推广，“农村义务教育学生营养改善计划”是其补贴资金的主要来源。该计划确定的学生营养餐补贴标准为每生每天 4 元，没有要求必须将牛奶纳入其中，中央财

① 中华人民共和国教育部．关于政协十三届全国委员会第三次会议第 0423 号（教育类 032 号）提案答复的函［EB/OL］．（2020 - 10 - 28）［2021 - 10 - 26］．http：//www. moe. gov. cn/jyb_xxgk/xxgk_jyta/jyta_ddb/202011/t20201125_501544. html.

政主要对贫困地区给予补助。据中国奶业协会统计，2019 年全国“学生饮用奶”日供应量 2 130 万份，比 2013 年少 34 万份，农村地区学生普及率为 13%。“学生饮用奶”最低价格每份 1. 8 元左右，相当于该补贴标准的45%，资金占比较大，加之补贴政策覆盖范围有限，是“学生饮用奶”推广不畅的主要原因。从调研了解的情况看，一些“学生饮用奶”推广效果好的地区，主要在于地方政府增加了投入，提出了明确要求。如河北省通过省级财政投入，把全省农村中小学生全部纳入营养改善计划，并要求确保每生每天一盒牛奶；山东青岛胶州、即墨等地采用“政府补贴+企业让利”的方式，免费为农村地区学生提供“学生饮用奶”，目前普及率达 95%。除资金原因外，一些媒体对乳糖不耐症的负面炒作引发学校、家长对乳制品安全的过度担忧，部分学校和地方教育部门怕担风险，也一定程度导致“学生饮用奶”入校难。

下一步，农业农村部将按照《国务院办公厅关于推进奶业振兴保障乳品质量安全的意见》提出的“大力推广国家学生饮用奶计划，增加产品种类，保障质量安全，扩大覆盖范围”等有关要求，与教育、财政等有关部门加强沟通协调，积极推动将“学生饮用奶”作为学生营养餐的固定组成部分，争取出台专项补贴等支持政策。同时，农业农村部将加大“学生饮用奶”推广工作支持力度，指导中国奶业协会完善相关规章制度及产品标准，丰富产品种类，跟踪评估学生营养与健康改善情况，通过《中国奶业质量报告》、中国奶业 20 强峰会、牛奶公益助学行动等平台展示成效，增进广大学生家长和学校对“学生饮用奶”的认知认可①。

◎ 领导关怀

这些年，总书记牵挂的民生事：农家娃在校午餐有营养更丰富

2019 年 4 月 15 日，习近平总书记一早从北京出发，乘飞机抵达重庆，再转火车、换汽车，一路奔波，来到重庆石柱土家族自治县中益乡小学。

学校操场上，小学生们正在开展课外文体活动。看到总书记来了，学生们围拢过来，纷纷问习爷爷好。总书记高兴地同大家交谈，询问他们学习和生活情况。

中益乡地处深山之中，群众居住比较分散，孩子上学是个难题。总书记指出，“两不愁三保障”很重要的一条就是义务教育要有保障。再苦不能苦孩子，再穷不能穷教育。要保证贫困山区的孩子上学受教育，有一个幸福快乐的童年。总书记走进师生食堂，仔细察看餐厅、后厨，了解贫困学生餐费补贴和食品安全卫生情况。总书记嘱咐老师既要当好老师，又要当好临时家长，把学生教好、管好。要把安全放在第一位，确保学生在学校学、住、吃都安全，让家长们放心。

---

①　中华人民共和国农业农村部．关于政协十三届全国委员会第四次会议第 4825 号（医疗体育类 123 号）提案答复的函［EB/OL］.（2021-09-10）［2021-12-27］. http：//www.xmsyj. moa. gov. cn/gzdt/202109/t20210910_ 6376171. htm.

在马培清家时，习近平总书记讲起了学校调研的观感："学校正在盖宿舍楼，就是为了解决一些孩子上学远的难题。食堂二位师傅，服务全校 157 个学生和 23 个老师，午饭四菜一汤。我想起咱们开始扶贫的时候，推行每个孩子保证每天一杯牛奶、一个鸡蛋。现在每顿标准涨到了 6 块钱，比当初丰富多了。通过补贴，学生家长负担也不重。我还注意到一件事，孩子们都说普通话，这说明教学规范了。"

据统计，截至 2020 年 6 月，营养改善计划已覆盖的农村义务教育阶段学校达 13 余万所，受益学生达 3 700多万人，中央财政累计安排的营养膳食补助资金为 1 700余亿元。2019 年，营养改善计划试点地区男、女生各年龄段平均升高相比 2012 年分别提高了 1. 54 厘米和 1. 69 厘米。

餐厅宽敞了，"四菜一汤" 里瘦肉多了、青菜多了

"丁零零……" 上午最后一节课的下课铃声响起，宁静的校园热闹了起来。从一年级到六年级，孩子们排着整齐的队列走进食堂。

今天午餐的 "四菜一汤" 是：白芸豆炖排骨、青椒肉丝、蒸南瓜、炒青菜、紫菜蛋花汤。

窗口内一盆盆菜热气腾腾、香味扑鼻，同学们端着碗，轮流打饭。

"老师，给我打点排骨，再来点肉丝和青菜。" 六年级的谭佳丽打好饭，和同学马莉萍一起来到二楼餐厅就餐。

"我最喜欢吃排骨了，有时打一次不够，还要再去添一次。" 谭佳丽莞尔一笑，低下头津津有味地吃了起来。

"我也喜欢吃肉。学校的菜花样多、肉也多。" 马莉萍在一旁搭话，她在学校寄宿，每到周五才回家。

"总书记这么关心我们山区小学，关心山里的孩子，大家感到非常温暖。我们一定牢记总书记的嘱托，办好营养午餐，让孩子们吃得更好。" 中益乡小学党支部书记谭顺祥回忆起当时的情景依然心情激动。

一顿学生营养午餐，"四菜一汤"，中益乡小学想尽办法让孩子们吃得更好。

一年多来，学校食堂又有了新变化——

餐厅更宽敞了。食堂从一层加盖到两层楼，能同时容纳 150 人就餐，孩子们不用再错峰吃饭了。

吃得更放心了。实施 "明厨亮灶"，安上了摄像头、大屏幕，实时监控加工间里的操作情况。

营养更均衡了。学校请营养专家制定科学标准，优化了食谱：肉，每人每餐达到 75 克；米，用当地的万寿香米；菜，选当季时令蔬菜。同样是 "四菜一汤"，如今瘦肉多了，青菜多了。

"有营养还要有好味道，我变着花样做娃儿们爱吃的。" 食堂师傅陈益淑边忙活边说，每天同学们吃完饭，她都要查看哪个菜剩下了，哪个菜吃光了。一天天下来，陈师傅对孩子们的喜好了如指掌："娃儿们爱吃排骨，每周的食谱中安排了两顿排骨；娃儿们不爱吃肥肉，就多采购瘦肉；山里人吃惯了土豆，有的人家天天吃土豆，但为了吃得更营养，学校食谱里增加了青菜。"

孩子们的体质更好了。"这一年，谭佳丽长得快，长了 10 厘米，都快跟我一般高

了！”谭佳丽的父亲谭仁洲感慨道。

五年级的陈锐同学更结实了，“我现在最喜欢打篮球，一场比赛能得十多分呢！”他的言语间充满了自豪。

陈锐的父亲陈鹏感慨：“我们小时候上学每天就装一把炒玉米，看看现在孩子吃的饭菜，真是幸福啊！孩子吃得开心，家长就可以踏踏实实工作了。”

变化的不只是中益乡小学。

“习近平总书记来石柱县考察后，县里进一步巩固提升学生营养改善计划，确保每一个山里的孩子吃得好。”县委教育工委委员陈景红说，定标准，全县107所农村中小学的2万多名学生全部吃上“四菜一汤”；补短板，县里投入532万余元改善食堂条件，实现农村义务教育阶段和学前阶段的营养餐全覆盖。

放眼全国，截至2020年6月，营养改善计划覆盖农村义务教育阶段学校13余万所，受益学生达3 700多万人。

数据最有说服力。调查显示，石柱县6~18岁学生体质健康监测合格率达到98%。

精打细算，让每一分钱都花到孩子们的饭菜里

一顿饭6元钱，能不能全都花到孩子们的饭菜里？

“能！”学校后勤管理员秦建国的回答斩钉截铁。

在食堂入口的食材进货公示处，最近一次采购信息写得清清楚楚：“大米，2.63元一斤①，数量1 200斤；瘦肉，29元一斤，数量30斤；莜麦菜，3元一斤，数量40斤……”

精打细算降成本，学校动足了脑筋。秦建国一一算账：选购本地优质的大米，一斤能比其他产地的便宜4毛钱；莜麦菜是从农贸市场买的，不仅新鲜，还是批发价，一斤便宜两三毛钱。“选哪种食材，什么价格，都由家长代表组成的询价委员会商定。所有费用全部公开，接受监督。”秦建国说。

更让大家放心的是县里搭建的集中采购平台。石柱县通过招标，引入渝教商贸公司，为各个乡村学校统一配送食材，保证价廉质优。“需要买什么，就在网上下单，第二天就能送货上门。”谭顺祥说。

财政给力。2019年县里投入1 000多万元，将全部乡村中小学食堂从业人员的工资纳入财政解决。“我们的目的就是让每人每顿6元钱全花到食材上，让每一分钱都花到孩子们的饭菜里。”陈景红表示。

食品安全是红线。“总书记要求我们把安全放在第一位，这是营养午餐的底线，要全链条管好。”谭顺祥说。在源头，大宗物品定点采购，原材料统一运送，市场监管员随时抽检；到学校，要有3个老师一起查验，才能入库；厨师持证上岗，每顿饭老师陪餐；每天的饭菜都会拍照，上传到阳光午餐平台；每个菜必须留样，确保质量安全可追溯。

“一顿饭6元钱，国家补贴4元，自己只掏2元，还有这么多道安全关，我们家长很满意很放心。”谭仁洲说。

看全国，中央财政累计安排营养膳食补助资金1 700余亿元，试点地区学校食堂供餐

---

① 1斤=0.5千克，全书同。

比例达到 76.4%，供餐模式、食品安全管理、资金使用管理、营养健康监测等方面工作扎实推进。

从吃得安全，到学得安全、住得安全，中益乡小学的新变化越来越多——

“总书记考察调研时关心的宿舍楼，2019 年底建成用上了，家离得远的 45 个孩子全部入住，再也不用每天走很远的山路上学了。”谭顺祥说。

“共享课堂进了校园，孩子们的眼界更开阔了。”四年级班主任马影翠老师深有体会。“更大的变化是孩子们脸上笑容更多了，眼睛更有光了，越来越自信了！”

在“给习爷爷写一封信”的作文课上，许多孩子立下志向：“我长大了要当一名老师”“我想当一名消防员”“我想当科学家，去探索太空”……中益乡小学的校园里，孩子们放飞梦想、快乐成长①。

◎ 政府责任

国新办发布会：三个进展和变化体现义务教育有保障目标基本实现

2020 年 9 月 23 日上午，国务院新闻办公室举行新闻发布会，新闻局寿小丽主持发布会，请教育部副部长郑富芝先生介绍决战决胜教育脱贫攻坚，实现义务教育有保障相关情况，并答记者问。

郑富芝在介绍相关情况时指出，在各个方面的努力和支持之下，义务教育有保障取得了重要的进展，换句话说，义务教育有保障的目标基本上实现了。最重要的是三个变化和进展。其中，第二个进展和变化，基本实现了资助全覆盖。关于资助有两个方面的变化，一是“两免一补”，现在有效地顺利实施了，两免是对所有的学生免除学杂费、免费提供教科书。一补是对家庭经济困难的学生，进行生活补助，特别是为住校的学生提供生活补助。二是营养餐，实行营养改善计划，每年大约有 4 000万农村孩子享受营养餐的补助，这个计划已经覆盖到所有的国贫县。到目前为止，基本上解决了因贫辍学的问题，就是上学不用花钱了，在学校住宿还要补助生活费②。

助力贫困地区学生营养健康，中国小康牛奶行动覆盖 27 个省份

一杯小小的牛奶，成为贫困地区孩子们的营养土壤。牛奶助学、营养扶贫……中国小康牛奶行动已持续 4 年。截至 2020 年，中国小康牛奶行动已跨越全国 27 个省（自治区、

---

① 人民网．这些年，总书记牵挂的民生事：农家娃在校午餐有营养更丰富［EB/OL］.（2021-02-01）［2021-10-29］. http：//politics. people. com. cn/n1/2021/0201/c1001-32018961. html.

② 国新 APP. 国新办发布会：三个进展和变化体现义务教育有保障目标基本实现［EB/OL］（2021-09-23）［2021-10-29］. http：//s. scio. gov. cn/wz/toutiao/detail2_2020_09/23/2317156. html.

直辖市）捐赠液态奶 330.39 万提，奶粉 1.25 万箱，总价值 2.15 亿元，惠及 1.71 万所中小学校，学生 588.21 万人次①。

4 000 万农村娃吃上了营养餐

2011 年，国务院办公厅印发了《关于实施农村义务教育学生营养改善计划的意见》，决定从当年秋季学期起，启动实施农村义务教育学生营养改善计划。实施营养改善计划以来，中央财政累计投入 1 472亿元，覆盖 29 个省份 1 762个县，覆盖农村义务教育阶段学校 14.57 万所，占农村义务教育阶段学校总数的 84.12%；受益学生达 4 060.82万人，占农村义务教育阶段学生总数的 42.4%。

根据这项计划，学校需要为学生们提供完整的午餐，无法提供午餐的学校可以选择加餐或课间餐。供餐食品特别是加餐应以提供肉、蛋、奶、蔬菜、水果等食物为主。

10 年来，这一计划的实施使就餐条件不断改善，学生体质明显增强。据中国疾病预防控制中心跟踪监测数据，2019 年，营养改善计划试点地区男、女生各年龄段平均身高比 2012 年分别提高 1.54 厘米和 1.69 厘米，平均体重分别增加 1.06 公斤（1 公斤 = 1 千克）和 1.18 公斤，高于全国农村学生平均增长速度②。

新学期疫情防控不放松，学生奶为孩子营养保驾护航

为了加强对儿童青少年等重点人群的营养健康指导，国家卫生健康委办公厅特组织编制了《新冠肺炎疫情期间儿童青少年营养指导建议》，其中明确指出：疫情期间应保证食物品种多样，每天喝 300 克牛奶或吃相当量的奶制品。

疫情之后，学生饮用奶计划已成为改善孩子营养状况的“最强抓手”。毋庸置疑的是，积极落实“学生饮用奶计划”，将在很大程度上提升学生身体素质，增强抵抗力，有助于新冠肺炎以及其他各类疾病的防控和预防。

从疫情暴发开始，蒙牛集团第一时间行动起来，累积支援价值 7.4 亿元的款物，用于支援疫区、抗击疫情，不仅展现了中国乳企的能力和责任，更以实际行动展示了中国企业抗击疫情的信心和决心。为积极响应国家卫健委提出的防疫倡议，支持国家“学生饮用奶计划”，帮助学生在家的营养健康摄入需求，做到“停课不停学，停课不停奶”，蒙牛未来星学生奶展开了“零接触配送”服务，线上下单，线下配送，全力保障孩子们网课期间的营养摄入。

不忘公益初心，蒙牛一直在行动。

“少年强则国强，少年智则国智”。蒙牛始终在坚持卓越品质的同时，为疫情防控筑牢防护墙，并以实际行动助力“中国少年强”，受到社会各界的肯定，也成为业界的标杆

---

① 新华网．助力贫困地区学生营养健康 中国小康牛奶行动覆盖 27 省份［EB/OL］（2021-04-26）［2021-10-29］. http：//www.xinhuanet.com/food/2021-04/26/c_1127378394.htm.

② 人民网-人民日报. 4 000 万农村娃吃上了营养餐［EB/OL］.（2020-09-18）［2021-10-29］. http：//shipin.people.com.cn/n1/2020/0918/c85914-31866488.html.

和典范。未来，蒙牛将不忘初心、牢记使命，以更高标准、更严规范提升品质和服务，为积极推广、落实党和政府大力推行的学生奶计划贡献最大力量，为提升全体国民身体素质而持续奋斗！新学期、新形势、新征程、新突破，蒙牛将努力让更多学生喝上优质放心的学生奶，助力中国少年乘风破浪、健康前行！蒙牛未来星学生奶，专注少年儿童营养健康，做中国“学生饮用奶计划”的引领者，做中国少年儿童健康的守护者①！

新学期，渝北区将继续为中小学生免费提供学生饮用奶

新学期，渝北区将为全区公办义务教育阶段的中小学生免费提供学生饮用奶，定在每周一、周三、周五发放。渝北区义务教育阶段学生饮用奶办公室《致家长的一封信》，信中提到：为促进全区少年儿童健康成长，中共重庆市渝北区委、重庆市渝北区人民政府于 2010 年 3 月、12 月，先后在渝北区公办义务教育阶段小学和中学启动了学生饮用奶工程，为公办义务教育阶段的中小学生免费提供了学生饮用奶，供奶时间为每周一、周三、周五，每次提供牛奶 200 毫升。信中还提到所提供的学生饮用奶，是由通过国家认证的乳业公司生产的，质量可以得到保障。

渝北区教委相关工作人员表示，自 2010 年春季起，渝北区已连续 10 年为全区公办义务教育阶段的中小学生免费提供学生饮用奶，以保障少年儿童的营养所需，受到了家长们欢迎②。

新学期起，邯郸市近 70 万名中小学生将享受免费营养餐

2020 年 9 月 1 日，邯郸市 16 个县区农村小学或初中学生营养餐正式供餐。全市 2 510 所农村学校的近 70 万名学生，从今天起在学校吃到了香甜可口、营养丰富的营养餐食品，以补充学生在学习生活中所需的蛋白质等营养成分。

2020 年邯郸市农村义务教育学生营养改善计划采取课间加餐的模式，按两类标准实施：大名县、魏县两个国贫县和肥乡区、鸡泽县、广平县、馆陶县 4 个省贫县的农村义务教育阶段学校，按每生每天 4 元的标准，提供一盒学生奶（纯牛奶）、一个鸡蛋和一袋糕点食品（周一至周五轮换）；成安县、涉县、磁县、邱县、曲周县、临漳县、峰峰矿区、永年区、武安市、冀南新区等 10 个县（市、区）的农村小学，按每生每天 2.5 元的标准，提供一盒学生奶（纯牛奶）、一个鸡蛋。

邯郸市对学生营养餐实行“四统一”要求，即统一招标、统一采购、统一分配、统一运送，减少中间环节，降低采购成本，确保采购质量，从源头和过程上做好食品安全监管，努力实现为学生提供“等值优质”食品的目标③。

---

① 中国企业信息网．新学期疫情防控不放松，学生奶为孩子营养保驾护航［EB/OL］.（2020-09-08）［2021-10-29］. http：//mobile. hebnews. cn/2020-09/08/content_8096477. htm.

② 重庆晨报上游新闻官方账号．新学期，渝北区将继续为中小学生免费提供学生饮用奶［EB/OL］.（2020-09-02）［2021-10-29］. https：//baijiahao. baidu. com/s? id = 1676717549856519666&wfr = spider&for = pc.

③ 邯郸市人民政府网．新学期起，我市近 70 万名中小学生将享受免费营养餐［EB/OL］.（2020-09-02）. http：//www. hd. gov. cn/hdyw/bmdt/bm/jyj/202009/t20200902_1362431. html.

2020 年秋季学期开学第一天石家庄市农村中小学生约 40 万人在营养改善计划中受益

2020 年 9 月 1 日，石家庄市 16 个试点县（市、区）的农村学校继续实施学生营养改善计划。根据 16 个试点县统计汇总情况，该市农村学校今天已全部供餐，约 40 万名农村学生在营养改善计划中受益。营养改善计划实施以来，各试点县（市、区）运行良好。该项目由政府出资，试点学校学生在校期间每天能喝到一盒学生奶、吃到一个鸡蛋。该项目的实施赢得了学生和家长的普遍好评，社会效益明显[①]。

2020 中国奶业 20 强（D20）峰会、第十一届中国奶业大会暨 2020 中国奶业展览会在河北召开

10 月 12 日，2020 中国奶业 20 强（D20）峰会在河北省石家庄市召开。本届峰会以“赋能奶业、领航健康、共享小康”为主题，回顾 D20 峰会五年历程，展现中国奶业发展成就，发布《2020 中国奶业质量报告》，总结“中国小康牛奶行动”推广成效，启动《中国奶业 20 强企业三年行动计划》。

会议强调，要抢抓战略机遇，坚持把奶业发展作为农业现代化的先行军，着力降成本、优结构、提质量、创品牌、增活力，以更大力度、更实举措、更高层次推进奶业高质量发展。产出高效率，构建现代奶业生产体系，着力提高奶业竞争力；管出高质量，打造全环节全链条的乳品质量安全监管网络，筑牢奶业全面振兴基石；联出高收益，健全长期稳定的利益联结机制，拉紧产业融合发展纽带；亮出高品质，打造国际知名奶业品牌，引领带动我国奶业做大做强。

同期，第十一届中国奶业大会暨 2020 中国奶业展览会也在河北石家庄举办。本次大会以“科学饮奶 品质消费 全面小康 践行健康中国战略”为主题，展现中国奶业发展成就，展示企业先进技术工艺、设施设备和产品，举办奶牛遗传改良、奶业装备新技术、乳品健康消费等论坛。

会议强调，要深入贯彻落实《国务院办公厅关于推进奶业振兴保障乳品质量安全的意见》，以扩大绿色优质安全乳制品供给为目标，大幅提升奶业综合生产能力，继续优化产业结构和产品结构，提升国产奶的竞争力和美誉度，提升产业链现代化水平，推动形成以国内大循环为主体，国内国际双循环相互促进的新发展格局，大力推进奶业全面振兴[②]。

---

① 石家庄市教育局网. 2020 年秋季学期开学第一天 农村中小学生约 40 万人在营养改善计划中受益［EB/OL］.（2020-09-01）［2021-10-29］. http：//sjzjyj.sjz.gov.cn/a/2020/09/01/1598953166288.html.

② 搜狐网. 2020 中国奶业 20 强（D20）峰会、第十一届中国奶业大会暨 2020 中国奶业展览会在河北召开［EB/OL］.（2020-10-14）［2021-10-29］. https：//www.sohu.com/a/424635548_684518.

教育部：各地可因地制宜改善学前教育儿童营养

有全国人大代表建议，应完善农村义务教育学生营养改善计划，并扩大受益范围，把学前教育列入该计划。对此，教育部回应称，作为非义务教育阶段，学前教育成本应由举办者、家庭和政府共同分担，家庭对幼儿的营养状况需承担更多的责任，同时鼓励各地结合当地实际，因地制宜开展学前教育儿童营养改善工作。

教育部表示，高度重视学前教育儿童营养改善问题，先后开展了专题调研、数据收集等一系列工作。调研结果显示，近年来，我国学前教育改革发展取得显著成效。2019 年学前教育经费总投入为 4 099亿元，同比增长 11.63%，学前儿童营养健康水平得到显著提升。教育部也提到，但因经济社会发展水平不一，自然环境条件各异，地方财力和群众经济能力各有不同，各地学前教育城乡区域发展不平衡，儿童营养改善工作仍存在一些困难和问题。

对于人大代表提出的关于提高营养改善计划补助标准一事，教育部介绍，自 2011 年秋季学期，国家启动实施农村义务教育学生营养改善计划以来，相关文件已多次调整完善营养膳食补助标准。下一步，教育部将会同财政部，结合经济社会发展水平和财力状况，适时研究调整营养膳食补助国家基础标准，并督促地方政府有关部门完善营养改善计划支持机制，让营养改善计划这项德政工程、民心工程、民生工程真正落到实处①。

中国学生营养与健康促进会在张家口市举办全国“营养与健康示范学校”命名暨授牌仪式

2020 年 10 月 17 日，中国学生营养与健康促进会在张家口市举办全国“营养与健康示范学校”命名暨授牌仪式，全国 54 所学校被命名为“营养与健康示范学校”。

创建“营养与健康示范学校”是中国学生营养与健康促进会为促进全国青少年营养改善、营养促进、提高学生整体素质而开展的一项实事工程，学校开展全国学生营养与健康示范学校创建工作，多形式宣传营养与健康知识，加强学校食物营养与科学膳食管理，确保每餐营养搭配科学、保证食品安全，使中小学生营养与健康意识明显提高，为提高学生综合素质发挥了积极作用②。

新疆 154 万余名学生受益营养餐改善计划

营养又安全的营养餐正成为广大农村学生的幸福餐。新疆自 2012 年启动实施农村义务教育学生营养改善计划以来，近 5 年平均每年国家拨付资金 10 亿余元，惠及学生 154

---

① 北京日报客户端．教育部：各地可因地制宜改善学前教育儿童营养［EB/OL］．（2020-10-19）［2021-10-29］．https：//baijiahao. baidu. com/s？ id=1680981419092220417&wfr=spider&for=pc.

② 学校供餐项目月报．中国学生营养与健康促进会在张家口市举办全国“营养与健康示范学校”命名暨授牌仪式［《中国学生饮用奶》特刊］．2020 年 10 月．

万余人。

营养餐改善计划是党和政府采取营养干预、提高农村学生体质健康而实施的一项民生工程，让各族学生实实在在地感受到了党和政府的温暖。新疆不断扩大营养餐改善计划试点范围，目前已从首批 7 个试点县增至 42 个。

实施过程中，新疆各县采取学校食堂供餐模式，落实各级政府、部门、学校和供餐单位的职责，强化政府在营养改善计划实施过程中的统筹协调职能，从源头和过程上做好食品安全监管，让广大农村学生吃饱吃好。

近两年，在国家和自治区试点政策的基础上，阿勒泰地区、哈密市等地还积极拓展地方试点，让更多的孩子享受营养改善计划①。

湖北省推广国家“学生饮用奶计划”进入新阶段

在湖北，省委、省政府按照党中央、国务院的有关部署，积极推进国家“学生饮用奶计划”15 年，受益学生逾 200 万人，覆盖全省大部分市州。2018 年，省政府办公厅印发《湖北省国民营养计划（2018—2030 年）实施方案的通知》，明确要求“到 2030 年，中小学生奶及奶制品摄入量在 2020 年基础上提高 15%以上的目标”。目前，武汉、黄冈已建成全省重要的奶业生产加工基地，总投资近 80 亿元，年产值达 100 亿元。

在危机中育先机，于变局中开新局。2020 年，新冠肺炎疫情在全球的暴发，给国家“学生饮用奶计划”的推广带来了极大困扰，也带来了新的机遇。2020 年，是湖北推广实施“学生饮用奶计划”的腾飞之年、跨越之年、奋进之年。今年，蒙牛集团在武汉追加投资 20 亿元，建设蒙牛武汉复合型现代化乳品工厂，形成百亿乳产业集群；伊利黄冈基地在持续扩大加工能力的同时，开始在黄冈选址兴建新的牧场，提高黄冈原奶的产能和品质。2020 年 1 月，湖北省政府首次将国家“学生饮用奶计划”推广写进《政府工作报告》，作为贯彻“健康中国 2030”的重要举措和落实“国民营养计划”的具体行动；黄冈、孝感、随州、鄂州等市积极响应，纷纷将持续推动“学生饮用奶计划”写进《政府工作报告》。武汉市委办公厅、市政府办公厅先后印发通知，要求各区和各部门落实 2020 年省《政府工作报告》相关要求，确保完成“到 2030 年中小学生奶及奶制品摄入量在 2020 年基础上提高 15%以上”的工作目标②。

贵州青少年营养改善监测报告发布 农村地区儿童青少年营养状况大幅改善

5 月 17 日，在贵州 2021 年全民营养周活动启动仪式上，贵州青少年营养改善监测报告发布。2013 年起，贵州省疾控中心承担了全省学生营养改善计划监测工作，近 8 年的

---

① 央广网. 新疆 154 万余名学生受益营养餐改善计划［EB/OL］.（2020-11-02）［2021-10-29］. https：//baijiahao.baidu.com/s? id=1682236737337970808&wfr=spider&for=pc.

② 黄冈市人民政府网. 湖北省推广国家“学生饮用奶计划”进入新阶段［EB/OL］.（2020-12-25）［2021-10-29］. http：//www.hg.gov.cn/art/2020/12/25/art_7103_1361529.html.

监测数据显示，全省农村地区儿童青少年营养状况有大幅度改善。

农村儿童青少年平均身高、体重持续增长。2020 年，6~17 岁儿童青少年平均身高为 116.5~161.3 厘米。与 2013 年相比，13 岁年龄段增量最大，为 7.1 厘米；与 2016 年相比，17 岁年龄段增量最大，为 6.4 厘米。平均体重为 21.3~55.9 千克。每个年龄段平均体重均高于 2013 年与 2016 年。17 岁年龄段增量最多，与 2013 年相比增加 9.3 千克，与 2016 年相比增加 9.2 千克。

农村儿童青少年营养不良率持续下降。从 2013 年的 30.32%下降至 2020 年的 9.72%。生长迟缓率下降至 2.5%，实现了《贵州省国民营养计划（2018—2030）》阶段性目标；消瘦率 2013 年为 15.72%，2016 年为 12.84%，2020 年为 7.46%，整体呈持续下降趋势，8 年来共下降 7.26 个百分点。农村儿童青少年贫血率稳步下降，2013 年为 12.7%，2020 年为 10.3%，8 年来共下降 2.4 个百分点①。

“营养改善计划”惠及农村义务教育学校和幼儿园超 4 100 所

2021 年 1 月 28 日，重庆市为确保重点区县农村义务教育学生营养改善计划顺利实施，学生“吃得饱”“吃得好”“吃得安全”，采取学校食堂“互联网+明厨亮灶”，实施校园食品安全智慧监管。

“‘营养改善计划’必须做到资金和食品两个安全”，从 2011 年秋季学期起，重庆市启动实施农村义务教育学生营养改善计划。重庆市全面推行学校食堂“互联网+明厨亮灶”，依托“重庆阳光餐饮”信息平台，对食堂从业人员操作行为进行实时 AI 智能监控。同时，在部分区县试点，邀请三方机构对农村义务教育学生营养改善计划的实施情况进行综合绩效评价，完成农村学生营养状况监测，动态掌握受益学生的膳食营养摄入、营养状况、生长发育和健康状况的影响因素，提高供餐质量。

统计数据显示，截至 2020 年底，万州区等 18 个重点区县农村义务教育学生营养改善计划覆盖农村学校 2 381 所，受益学生 791 718名，实现了农村义务教育学生营养改善计划全覆盖。从 2018 年 1 月起，包括万州、黔江、开州等 14 个区县实施农村学前教育儿童营养改善计划，截至 2020 年底，共惠及幼儿园 1 778所，幼儿 157 699人，实现 14 个原国家级贫困区县农村公办幼儿园（含附设幼儿园、班）和取得办园许可的农村民办普惠性幼儿园营养改善计划全覆盖②。

甘肃会宁：“营养早餐”助力学生健康成长

自启动农村义务教育学生营养改善计划以来，农村地区的孩子们每天都能吃上免费的

---

① 多彩贵州网．贵州青少年营养改善监测报告发布 农村地区儿童青少年营养状况大幅改善［EB/OL］.（2021-05-17）［2021-10-29］. https://baijiahao.baidu.com/s?id=1699980783816621996&wfr=spider&for=pc.

② 光明网．“营养改善计划”惠及农村义务教育学校和幼儿园超 4 100所［EB/OL］.（2021-01-29）［2021-10-29］. https://difang.gmw.cn/cq/2021-01/29/content_34584293.htm.

营养早餐，从采购、分配、运送，再到食谱、价格、定量，会宁县教育局严格按照统一标准，确保每一份营养餐都吃得安全，每一元钱都吃到学生嘴里。

会宁县思源实验学校七年级（6）班学生曹颖说："我们的营养早餐很丰盛，有牛奶、鸡蛋、馒头、油饼等等"；八年级（11）班学生陈轲说："学校提供了免费的营养早餐，有牛奶、鸡蛋、馒头等，吃得好才能让我们更加有动力去学习"。

会宁县思源实验学校老师口玲霞说："营养早餐是国家对贫困地区学生的一项关爱政策，在国家政策之下的学校营养早餐开展得非常好。我们学校的孩子非常幸福，每天早上跑完操后都能吃到热气腾腾的早餐，保证孩子们每天早上上课精力充沛。"

确保每一份营养餐都吃得安全，每一元钱都吃到学生嘴里是农村义务教育学生营养改善计划实施过程中的重中之重。在实施过程中，会宁县严格按照"统一招标、统一采购、统一分配、统一运送"的原则，对大宗食品及原辅材料进行采购配送，确保采购质量、保证食品安全，并对食谱严格实行"统一食谱、统一原材料、统一价格、统一定量"的"四个统一"原则，力争做到搭配合理、营养均衡，让学生从吃得上、吃得饱向吃得好、吃得营养、吃得均衡转变①。

大力推行国家"学生饮用奶计划"助力中国少年强——国家"学生饮用奶计划"推广进入新时期

2018 年，唐山市正式启动国家"学生饮用奶计划"。2019 年，河北省启动"蛋奶工程"，通过课间加餐方式，为乡村孩子每天提供一盒牛奶、一枚鲜鸡蛋，让唐山市全部农村孩子受益。"学生饮用奶计划"和"蛋奶工程"都是国家营养改善计划的一部分，是作为贯彻"健康中国 2030"的重要举措和落实"国民营养计划"的具体行动，实施以来，赢得了社会的广泛赞誉，被老百姓称为：民心工程、德政工程、阳光工程。

砥砺前行二十载——国家"学生饮用奶计划"推广工作进入新时期

强健国民体质，筑梦健康中国。河北省委、省政府按照党中央、国务院的有关部署，积极推进国家"学生营养改善计划"，2019 年下发了《河北省农村义务教育学生营养改善计划》，2020 年下发了《关于印发 17 个省级贫困县农村义务教育学生营养改善计划提标扩面实施方案的通知》，每年使 270 余万名农村学生受益。同时，在城乡学校积极推进国家"学生饮用奶计划"自主征订工作，目前全省已基本全面覆盖，每天饮用学生奶的人数突破 400 万名学生。国家"学生饮用奶计划"的推广，明显改善和提高了中小学生的营养健康水平和身体素质，有力促进了健康中国的建设和中国乳业迅速崛起。

守护孩子"舌尖上"的安全和品质——让每一个学生喝上好牛奶

在唐山市，为确保少年儿童喝上安全营养的学生奶，学生饮用奶由全国知名乳品企业——君乐宝乳业等供应，从奶源基地、生产加工、配送服务、规范饮用等均按照国家标准做出了严格规定，在整个生产过程中设置了一系列严格的检测监管标准。君乐宝集团还通过多种方式和途径，普及宣传营养知识、开展营养与健康教育，规范校内饮奶流程操

① 光明网．甘肃会宁："营养早餐"助力学生健康成长［EB/OL］．（2021-03-31）［2021-10-29］．https：//www.163.com/dy/article/G6DHI6OH0550AYTB.html.

作，从征订、配送、储存、领取、分发、饮用、回收的全过程，设定了独有的系统管理流程及规范标准。同时，把握服务对象的需求，企业不断创新，做好精准化、精细化服务。为让学生冬天能喝上热牛奶，君乐宝集团投入了 100 多万元采购牛奶加热箱，保证孩子冬天喝上热乎乎的学生奶；增加牛奶新品种，让学生可以常喝常新。

营养助学关爱青少年成长——社会责任与爱心同行

来自社会，回馈于社会，防控既是企业的责任，又是企业的使命。疫情期间君乐宝集团累计为疫区捐赠价值 1 亿多元的产品和防疫物资。君乐宝集团唐山服务中心克服重重困难，积极支持唐山市教育系统抗疫。君乐宝乳业还积极参与由河北奶业协会主办的“燕赵奶业行之学生奶”主题活动，邀请学校、家长、学生以及媒体深入学生奶生产一线和牧场参观，全方位、多角度介绍学生奶计划实施情况，为国家“学生饮用奶计划”推广和河北省“营养改善计划”营造良好舆论环境，获得了社会各界的理解和支持①。

打造基于学生人群的健康管理模式

近年来，广东省广州市坚持健康第一的教育理念，加强学校卫生与健康教育，不断提升学生健康素养，为学生全面发展和终生幸福奠定基础。

加强联动，构建多元参与的健康管理体系。统筹推进“一个中心、一个系统、一支队伍和若干重点项目”建设，形成基于学生人群的健康管理模式。

组建“一个中心”，2013 年将“中小学卫生保健所”更名为“中小学卫生健康促进中心”，进一步强化中心指导学生疾病防控、健康教育和体质健康管理职能，发挥中心在学校卫生与健康教育工作中的支撑作用，逐步实施学生健康管理。建成“一个系统”，即覆盖全市中小学的学生体质和健康管理系统。配齐“一支队伍”，即校医和学校健康副校长队伍。推动“若干重点项目”，针对影响学生健康的各种相关因素，有针对性地实施一系列健康行动项目。一是实施六龄齿免费窝沟封闭项目和幼儿涂氟试点项目，有效预防学生龋齿。二是实施初中生脊柱侧弯全覆盖筛查项目，实现学生脊柱侧弯早发现、早干预、早矫治。三是实施农村义务教育阶段学生免费营养改善试点项目，每年受益学生约 15 万人。四是实施食品安全专项行动。推出学校食品安全管理“十项措施”，全市 3 671家学校食堂中 100%完成“‘互联网+’明厨亮灶”建设工作。五是建立医学院校大学生带动中小学生开展健康教育长效机制，形成广州特色的“健康教育进校园”模式②。

2021 全民营养周暨“5 · 20”中国学生营养日活动在京启动

5 月 15 日，2021 全民营养周暨“5 · 20”中国学生营养日主场启动会在北京成功举

① 唐山劳动日报网．大力推行“国家学生饮用奶计划”助力中国少年强［EB/OL］.（2021-03-04）［2021-10-29］. https：//szb. huanbohainews. com. cn/tsldrb/html/2021-03/04/content_217601. htm.

② 中华人民共和国教育部网．打造基于学生人群的健康管理模式［EB/OL］.（2021-04-27）［2021-10-29］. http://www. moe. gov. cn/jyb_xwfb/moe_2082/2021/2021_zl33/202104/t20210427_528779. html.

办。启动会由国家卫生健康委员会、国民营养健康指导委员会、国家食物与营养咨询委员会主办，中国营养学会、中国学生营养与健康促进会、中国疾控中心营养与健康所、农业农村部食物与营养发展研究所、中国科学院上海营养与健康研究所、国家食品安全风险评估中心承办。

受国家卫生健康委副主任、国民营养健康指导委员会常务副主任雷海潮委托，国家卫生健康委食品司司长刘金峰在启动会上致辞。他强调，做好营养健康工作，是新发展阶段提升人民幸福感的内在要求，也是构建“十四五”时期卫生健康新发展格局的重要内容。营养健康是全社会共同关注的事业，要坚持以人民为中心、以人民健康为中心，大力普及营养健康知识与技能，鼓励各方参与，共建共享，提升全民营养健康的质量水平。

中国营养学会理事长杨月欣发布了2021全民营养周和“5・20”中国学生营养日核心传播主题信息。杨月欣理事长表示，今年的全民营养周和“5・20”中国学生营养日，聚焦宣传“平衡/合理膳食”，实践营养配餐、分餐公筷、珍惜食物不浪费，推进健康家庭、健康学校、健康食堂、健康餐厅的建设，推动国民健康饮食习惯的形成和巩固，将健康中国合理膳食行动落到实处。

启动仪式环节，国家食物与营养咨询委员会陈萌山主任、国家卫生健康委食品司刘金峰司长、国家卫生健康委宣传司胡强强副司长、教育部体育卫生与艺术教育司、一级巡视员刘培俊副司长、国家市场监管总局食品协调司母兰副司长、国家体育总局青少年体育司周锦瑶副司长、全国妇联妇女发展部奉朝晖二级巡视员、中国营养学会杨月欣理事长、中国学生营养与健康促进会陈永祥会长、国家食品安全风险评估中心李宁主任、中国健康教育中心李长宁主任共同启动2021“合理膳食 营养惠万家”主题宣传活动。

会上还发布了由国民营养健康指导委员会办公室、中国营养学会、中国学生营养与健康促进会、中国疾控中心营养与健康所、农业农村部食物与营养发展研究所、国家食品安全风险评估中心联合发起的“献礼建党百年：合理膳食 营养惠万家”倡议，在全社会营造推行健康家庭的良好氛围，形成营养、健康、不浪费的生活方式。

来自全国31个省（区、市）营养健康志愿者代表通过“云连线”的方式共同启动合理膳食“百千万”志愿行动。合理膳食百千万志愿行动将通过建立长期开放的志愿者活动平台，形成由百名国家级营养科普专家、千名省级营养科普专业人才和万名营养志愿者组成的“百千万”营养指导服务阶梯，由点及面，把营养健康知识传递到千家万户。

会议还聚焦“合理膳食 营养惠万家”传播主题，围绕创建营养与健康学校、营养健康餐厅建设与实践、营养配餐、膳食质量、公筷分餐、不浪费等主题做了专题报告。

2021年全民营养周已正式拉开序幕，接下来的一周（5月17—23日），全国各地将聚焦“合理膳食 营养惠万家”主题，围绕营养配餐、分餐公筷、珍惜食物不浪费等，掀起全民践行合理膳食行动的高潮，向建党百年献礼①。

---

① 中国营养学会网．2021全民营养周暨“5・20”中国学生营养日活动在京启动［EB/OL］．（2021-05-17）［2021-10-29］．https：//www.cnsoc.org/learnnews/552110201.html.

四川“五突出”打响春季学校食品安全保卫战——突出压实责任 突出智慧监管 突出业务培训 突出宣传教育 突出督导检查

2021 年春季学期开学以来，四川省教育系统深入贯彻中央、国务院和省委省政府关于加强食品安全的决策部署，严格按照习总书记“四个最严”要求，采取“五突出”有力措施，全力保障师生“舌尖上的安全”。

一是突出压实责任，统一安排部署。二是突出智慧监管，提升信息化水平。大力推进以学校食堂“互联网+明厨亮灶”为重点内容的全省学校食堂食品安全智能化管理系统建设。三是突出业务培训，提升队伍素质。四是突出宣传教育，推动社会共治。坚持学法、普法、用法推动学校食品安全工作。各地各校将食品安全教育纳入学校安全教育内容，积极开展《食品安全法》和《四川省中小学食品安全管理办法》等法律法规宣传教育，向师生、家长和社会公众普及食品安全知识，提高师生自我保护意识和能力，积极引导广大师生文明就餐，杜绝浪费，营造良好育人氛围。五是突出督导检查，落实问题整改①。

“我为群众办实事”，福建省教育厅将重点办这些事

为认真贯彻落实党中央关于党史学习教育决策部署和省委工作要求，切实把学习成效转化为工作动力和实实在在的成果，省委教育工委、省教育厅党组立足教育工作职责，聚焦师生群众“急难愁盼”问题，扎实开展好“我为群众办实事”实践活动，共梳理推出“我为群众办实事”11 个项目。

包括：实施义务教育薄弱环节改善与能力提升项目；实施公办幼儿园建设项目；开展中小学课后服务扩面提质行动；推进中小学教师减负；举办福建省暨福州市 2021 届高校毕业生夏季专场招聘会；开展减轻义务教育阶段学生作业负担和校外培训负担“双减”专项督导；开展绿色学校创建活动；提升政务服务“一趟不用跑”比例；建设“福建省农村义务教育学生营养改善计划监管平台”项目；开展“学党史普法治”系列服务活动；开展新高考志愿填报咨询服务②。

北京市抓住重点、强化督导 切实做好学校食品安全工作

北京市认真贯彻落实党中央、国务院有关决策部署，始终把广大师生生命安全和身体健康放在突出位置，在疫情防控常态化条件下，以高度的政治责任感，压实主体责任、抓好重点环节、强化督促指导，扎实做好学校食品安全管理工作，切实保障广大师生在校用餐安全，严防校园食品安全事故发生。

---

① 中国食品安全报网 . 四川“五突出”打响春季学校食品安全保卫战［EB/OL］.（2021-05-01）［2021-10-29］. http：//paper. cfsn. cn/content/2021-05/01/content_103824. htm.

② 福建省教育厅网 . “我为群众办实事”，福建省教育厅将重点办这些事［EB/OL］.（2021-05-25）［2021-10-29］. http：//jyt. fujian. gov. cn/jyyw/jyt/202105/t20210525_5601415. htm.

及时动员部署，督促指导学校落实食品安全主体责任。

突出重点环节，加强校园疫情防控常态化措施和进口冷链食品管控。严密防范冷链食品管理使用风险，使用畜禽肉、水产品、奶酪等进口冷链食品的单位，严格按照进口冷链食品管理要求，使用“北京冷链”小程序进行货物登记和流转。各级各类学校（幼儿园）不得制售冷食类、生食类、裱花糕点以及四季豆、鲜黄花菜等食品。

强化协同联动，抓好校园食品安全监管和督促指导。各区教委、学校广泛组织开展食品安全教育，提升食品安全风险意识和防范能力。学校加强对就餐师生的教育和管理，从源头上科学定量核算食材，按需制作，避免浪费。市教委、市场监管局和卫生健康委定期会商，每学期开学前后针对食品安全特别是疫情防控、关键环节管控、学生就餐管理等情况开展专项检查，督导学校将相关要求落到实处，切实保障学校食品安全和师生健康①。

农业农村部调研组调研“学生饮用奶计划”实施推广情况

由农业农村部畜牧兽医局牵头，会同中国农业大学、中国农业科学院、中国奶业协会等有关单位成立的4个调研组赴8个省（直辖市、自治区）对“学生饮用奶计划”实施推广情况进行调研，了解“学生饮用奶”奶源基地建设和质量安全情况；“学生饮用奶”市场需求情况和新增“学生饮用奶”产品品种试点推广情况；收集学生饮用奶计划推广工作中的经验和典型推广模式，了解学生饮用奶计划推广工作中存在的问题和意见建议②。

全国教育科学规划课题《农村义务教育学生营养改善计划的实效性与可持续性》中期汇报研讨活动成功举办

2021年5月23日，全国教育科学规划课题《农村义务教育学生营养改善计划的实效性与可持续性》中期汇报研讨会在福建省教育厅举行。教育部、国家卫生健康委和国务院中国发展研究基金会、中国学生营养与健康促进会等有关领导，全国学生营养与健康业界专家，福建省财政厅、卫生健康委、农业农村厅、市场监管局等有关部门领导，课题组核心成员以及省营养改善计划综合改革试点地区代表参加了会议。

福建省学生资助管理中心副主任（主持工作）、省学生营养办副主任李萍主持了研讨会，省教育厅二级巡视员李燕华致欢迎辞。课题负责人、福建省学生资助管理中心（学生营养办）副研究员、中国学生营养与健康促进会常务理事、福建代表处主委郑永红汇报开题以来研究成效及工作进展情况，各子课题负责人汇报下阶段研究重点。领导、专家们就课题研究情况开展了专家评议。

---

① 中华人民共和国教育部网．北京市抓住重点、强化督导 切实做好学校食品安全工作［EB/OL］．（2021-05-17）［2021-10-29］．http：//www.moe.gov.cn/jyb_xwfb/s6192/s222/moe_1732/202105/t20210518_532137.html.

② 学校供餐项目月报．农业农村部调研组调研“学生饮用奶计划”实施推广情况［《中国学生饮用奶》特刊］．2021年6月．

课题指导老师、教育部体卫艺司原巡视员、中国学生营养与健康促进会专家委员会主任廖文科充分认可课题研究的重要意义，认为分设的 10 个子课题涵括了营养改善计划的核心内容，特别是精细化管理和可持续性发展相关内容。强调要紧紧围绕新时代教育改革发展和立德树人的根本任务深化课题研究，要扩充营养健康教育研究外延，培育学生营养摄入、食品安全、感恩、环保、节约粮食等相关理念并养成良好习惯。

课题指导老师、中国教育科学研究院教育督导评估研究所副所长、研究员任春荣赞赏课题组开展的大量调查研究、分析论证工作和实践性成果。建议课题组紧紧围绕“实效性”和“可持续性”破题深入，不断完善和健全营养改善计划评价指标的资金收支、供餐模式、管理制度和农业经济、可持续性价值等相关内容。课题研究要立足政策外审视现行政策，与当前农村农业发展相结合，助力农村创新人才培养和乡村振兴，促进当地农村更好发展①。

“展成果 谋方略 绘蓝图”第十二届中国奶业大会顺利召开

7 月 17—19 日，第十二届中国奶业大会暨 2021 中国奶业展览会在安徽省合肥市隆重召开。会议由中国奶业协会主办，以“展成果 谋方略 绘蓝图 点亮两个百年交汇点”为主题，全面总结“十三五”奶业发展成就，谋划“十四五”奶业战略发展，构建奶业高质量发展新格局。

大会同期，开展 16 个专题高端论坛。包括中国奶牛种业高质量发展推进会、中国奶酪发展高峰论坛、乳品营养健康与消费新趋势、全自动挤奶机器人创新技术分析报告发布仪式及奶业新技术分享等。

本届大会中“指方向、提希望、话未来”成为领导致辞环节的亮点。

中国奶业协会会长李德发院士致辞中强调，本届会展适逢其时，意义重大而深远。一是总结和展示我国奶业“十三五”成就。二是描绘和展望中国奶业未来五年发展前景。三是搭建奶业振兴助力乡村振兴平台。农业农村部副部长马有祥强调，2018 年国办奶业振兴意见印发以来，在国家政策支持下，在行业协会的带动下，在全体奶业人不懈努力下，奶业振兴工作取得了显著成效。一是奶类供应保障能力大幅提升。二是乳品质量安全水平大幅提升。三是乳品消费达到新水平。四是奶业现代化建设取得新进展。

伊利集团执行总裁张剑秋提到，做强奶业、振兴奶业，就要通过强上游、守品质、优连接、促创新，为国民健康保驾护航，助力健康中国建设。蒙牛集团总裁卢敏放在致辞中向各位奶业同仁提出四点倡议。一是进一步深化利益联结机制，实现产业链共担风险、共享成果、共同发展。二是推动研发创新向纵深发展，解决长期制约中国奶业发展的“卡脖子”技术问题，加快数字化、智能化转型。三是坚持生态优先、绿色发展。在不断提升饲草料、原奶自给率同时，走出一条可持续发展道路。四是积极融入“新发展格局”。让中国奶业、中国乳品品牌拥有更大的国际影响力和话语权。

---

① 福建省教育厅网．全国教育科学规划课题《农村义务教育学生营养改善计划的实效性与可持续性》中期汇报研讨活动成功举办［EB/OL］.（2021-05-29）［2021-10-29］. http：//jyt. fujian. gov. cn/jyyw/xx/202105/t20210529_5603928. htm.

本次会议期间，通过播放纪录片展示了中国奶业“十三五”成就巡礼。其中通过三个篇章——牢筑基石、同力协契谋发展，九州激荡“十三五”壮阔征程，赓续奋斗“十四五”奋力启航，展现了中国奶业“十三五”取得的辉煌成就，奋进“十四五”的决心担当。在抗击新冠疫情期间，160 余家奶业企业累计捐款捐物近 20 亿元。疫情催生消费升级加快，消费方式转变，品牌营销创新，中国奶业彰显出强大的发展韧性。

业界各方精心谋划中国奶业“十四五”战略发展，为系统提升中国奶业现代化水平促进高质量发展建言献策，为精准助力“乡村振兴”和“健康中国”战略贡献智慧，中国奶业协会编制发布《中国奶业奋进 2025》。农业农村部党组成员、中国奶业协会战略发展工作委员会名誉常务副主任毕美家宣读发布词。他指出，《中国奶业奋进 2025》由中国奶业协会组织战略发展工作委员和其他各专业委员会，以及各副会长单位、中国奶业 20 强与观察员企业和权威专家学者共同研究编撰，坚持立足国内和全球视野相统筹，坚持问题导向和目标导向相统一，坚持全面规划和突出重点相协调，融通产业链供应链，聚焦突出问题和明显短板，遵循产业发展方向和规律，回应社会各界诉求和期盼①。

云南省召开全省学校食品安全工作视频会

近日，云南省教育厅、省市场监管局、省卫生健康委联合召开全省学校食品安全工作视频会。省教育厅副厅长曾继贤和省市场监管局、省卫生健康委有关部门负责人出席会议并讲话。

会议以习近平新时代中国特色社会主义思想为指导，深入贯彻党中央、国务院及省委、省政府关于食品安全工作的决策部署，总结回顾学校食品安全工作，通报近期食品安全事故，分析存在的问题和面临的形势，压实责任，对做好下一步全省学校食品安全工作进行部署。

曾继贤要求，各地各校要深入贯彻落实《中共中央 国务院关于深化改革加强食品安全工作的意见》《中共云南省委 云南省人民政府关于深化改革加强食品安全工作的意见》精神，推动学校食品安全治理体系和治理能力现代化，保障广大师生“舌尖上的安全”。一要层层压实责任，确保食品安全校长第一责任制制度落实到位。二要继续大力推广“六 T”实务管理，确保规范化管理到位。三要与有关部门协同配合，确保督查检查到位。四要完善应急管理机制，全面提升突发事故处置能力。五要配齐配强从业人员，不断提升职工业务水平。六要强化专题宣传教育力度，提升师生自我保护能力。七要遵守并执行既有制度规定，探索提升管理水平的新举措、新模式②。

多方努力，让学生奶更安全有营养

2021 年 2 月，中国奶业协会发布“关于增加学生饮用奶产品种类试点生产工厂”的

---

① 环球网．“展成果 谋方略 绘蓝图”第十二届中国奶业大会顺利召开［EB/OL］.（2021-07-19）［2021-10-29］. https：//finance. huanqiu. com/article/4400FdDxw4i.

② 搜狐网．云南省召开全省学校食品安全工作视频会［EB/OL］.（2021-06-04）［2021-10-29］. https：//www. sohu. com/a/470467600_121106902.

公告，新增 10 家生产工厂。其中，君乐宝乳业集团旗下 3 家工厂，河北三元食品有限公司、河北新希望天香乳业有限公司各有一家工厂入选试点生产工厂。

近年来，河北省出台多项举措，切实改善全省农村小学生营养状况，提高农村学生健康水平。2019 年，省教育厅、省财政厅、省发改委、省农业农村厅联合印发《关于在全省农村小学生中实施营养改善计划地方试点的实施方案》，提出由财政补助资金，为全省农村小学生提供免费“营养餐”，包括一盒学生饮用牛奶、一个鸡蛋。2020 年 5 月，四部门又联合印发通知，提出实施 17 个省级贫困县农村义务教育学生营养改善计划提标扩面工作，进一步促进教育公平，切断贫困代际传递。

作为“营养餐”的重要内容，学生奶是经中国奶业协会许可使用中国学生饮用奶标志的专供中小学生在校饮用的乳制品，厂家直供学校，不在市场上流通销售。学生奶的品质如何，能否做到全链条食品安全监管，学生的接受程度怎么样？近日，记者深入中小学校、学生奶生产企业，深入了解学生奶计划实施情况。

北京三元食品股份有限公司企业采用先进的超高温灭菌技术和利乐无菌包装，确保学生饮用奶安全新鲜。君乐宝乳业集团则在加工环节在学生奶生产工厂实施 BRC 食品安全全球标准和 IFS 国际食品标准管理，并拥有 6 个学生奶奶源基地，牛奶挤出后，仅需 2 小时就可以到达生产工厂，牛奶的体细胞数、菌落数、蛋白质、脂肪含量等指标均优于美、日、欧标准。对在学生奶工程实施过程中，一些家长对调制乳占比较高存在疑惑的问题，省奶业协会相关专家做出解释。据介绍，企业推出调制乳是为了调和孩子们的口味。调制乳与含乳饮料不同，调制乳中生牛乳含量至少在 80%以上，调制乳的蛋白含量略低于纯牛奶，但符合国家标准，能更好地迎合孩子们的需求，增强孩子的饮奶兴趣。

省奶业协会秘书长袁运生说：“学生奶工程从奶源、加工、运输到入校的各个环节要求颇高，学生奶价格比市场同类产品价格低一些，学生奶工程是好事，要把好事办好办实，需要政府、学校、乳企、社会多方共同努力。”

采访中，许多乳企负责人表示，开辟学生奶市场，叫响乳业品牌，有助于中国奶业振兴。他们将和各方一起努力，建立起学生奶工程的生产、运输、储藏、宣传等一整套运行管理体系，让学生奶更安全有营养①。

卢迈：学生营养餐要永远绷紧安全这根弦

由国务院食品安全办指导，经济日报社主办，中国经济网承办，主题为“尚俭崇信守护阳光下的盘中餐”的第十二届中国食品安全论坛 2021 年 6 月 8 日在京举办。中国发展研究基金会副理事长、中国发展高层论坛秘书长卢迈在论坛上指出，孩子关系到中国的未来，食品安全关系到孩子的健康。

据卢迈介绍，自 2011 年在农村地区义务教育阶段的学生中实行营养改善计划以来，农村大部分地区实行学校食堂供餐。营养改善计划目前已经扩展到了 1 762 个县，覆盖 14.57 万所学校，占农村义务教育阶段学校总数 84%；惠及 3 700万名学生，约占整个义

---

① 光明网．多方努力，让学生奶更安全有营养［EB/OL］．(2021-04-08)［2021-10-29］．https：//m.gmw.cn/baijia/2021-04/08/1302217652.html.

务教育阶段学生总数的26%；每年国家大概拨款190亿元，累计拨款1 703亿元。卢迈感叹道，“这是一个德政工程、民生工程。”

学生营养餐在食品安全方面推出了11条措施。营养改善计划的目标是要解决学生的营养贫困，让学生能够健康的成长，同时减轻家里的负担。卢迈表示，脱贫地区学生体质健康的合格率由2012年的68%提升到现在的90.7%。卢迈自信地表示，“今后脱贫地区学生的身材矮小已经成为历史”。

对于未来，卢迈建议：第一，“阳光工程”应该持之以恒；第二，精诚合作，牢牢守住食品安全底线；第三，在营养改善计划之上做加法，利用“食育”的机会，加强孩子崇尚节约、感恩社会、积极奉献的教育[①]。

樊泽民：全力推进健康中国中小学健康促进专项行动

2021年7月17日，教育部体育卫生与艺术教育司体育与卫生教育处副处长、二级调研员樊泽民在“2021健康中国发展大会”上进行发言，表示要进一步全力推进健康中国中小学健康促进专项行动。

发言对教育部推进中小学健康促进行动开展的主要工作进行了介绍。在全面加强校园食品安全管理方面，印发并贯彻落实《学校食品安全与营养健康管理规定》《校园食品安全守护行动工作方案（2020—2022年）》，推动地方和学校严格落实食品安全“四个最严”要求。继续实施农村义务教育学校营养改善计划，建立学校食品安全预警机制，加大监管力度。会同市场监管总局、公安部、农业农村部开展整治食品安全问题联合行动。经过专项整治，各地各校对校园食品安全的重视程度显著提高，各级教育部门和学校负责人的食品安全责任意识明显增强。全国42.4万所集中用餐中小学校和幼儿园均已落实相关负责人陪餐制度，覆盖率达100%。全国39.8万所中小学校和幼儿园建立家长委员会参与食堂安全监督机制，覆盖率达93.9%。全国学校食堂“明厨亮灶”覆盖率从76.6%提高到92.1%。

在下一步工作计划中，提出要强化校园食品安全管理。认真贯彻落实习近平总书记关于制止餐饮浪费行为的重要指示精神，联合相关部门印发通知部署做好2021年秋季学期校园食品安全管理工作，进一步落实校园食品安全校长（园长）负责制度、学校负责人陪餐制度、家长委员会代表参与食品安全监督制度，守护师生“舌尖上的安全”[②]。

---

① 中国经济网．卢迈：学生营养餐要永远绷紧安全这根弦［EB/OL］.（2021-06-08）［2021-10-29］. http：//www.ce.cn/cysc/sp/info/202106/08/t20210608_36628079.shtml.

② 网易．樊泽民：全力推进健康中国中小学健康促进专项行动［EB/OL］.（2021-08-09）［2021-10-29］. https：//www.163.com/dy/article/GGVMLJMO0550EXAN.html.

第五部分　有关报告与论文摘要

◎ 国际报告

2020 年全球学校供餐状况

2021 年 2 月，联合国世界粮食计划署（WFP）出版了关于 2020 年全球学校供餐状况的官方报告。该报告分析了 2020 年全球学校供餐的状况，描述了 COVID-19 疫情对世界各地学校供餐的影响，阐述了在没有学校支持的情况下，提供教育和相关服务（包括供餐）面临的困难，疫情很可能扭转学校供餐计划建立的成果。

据估计，2013—2020 年期间，全世界接受学校供餐的儿童数量增长了 9%，在低收入国家中增长了 36%。疫情到来以前，全球有 3.88 亿名儿童受益于学校供餐，其中，学校供餐计划规模较大的地区为印度(9 000万名儿童)，巴西、中国（均为 4 000万名)，美国(3 000万名）和埃及(1 100万名)。在接受学校供餐的儿童中，有一半儿童（约 1.88 亿名）是生活在金砖五国之一的国家。目前学校供餐计划在全球 52 个国家开展，覆盖了超过 100 万名儿童。南亚的学校供餐计划覆盖的学生数量最多（1.07 亿名)，其次是拉丁美洲和加勒比(7 800万名)、东亚和太平洋(5 800万名）以及撒哈拉以南非洲(5 300万名)。

对政策发展趋势的分析表明，目前全球 80% 的国家现在采用了学校供餐政策，学校供餐在过去 8 年中越来越规范化和制度化，尤其是在低收入国家。学校供餐计划已经成为学校卫生教育和营养体系中的一部分。全球学校供餐计划中，不到 7% 的供餐计划是单独由政府进行供餐工作；61% 的学校供餐是由学校与其他 4 个健康和营养干预项目共同完成。

全球学校供餐的年度投资估计在 410 亿~430 亿美元，资金来源包括 3 种类型，按规模递减顺序排列分别为：国家预算的国内资金、国家级捐助和私营部门、通过联合国机构(包括粮食计划署）和非国家行为提供的外部捐助资金。

世界粮食计划署与相关组织正开展全力合作，以确保世界各地的所有孩子都不会饿着肚子上学，或者因此而辍学。疫情之后，必须抓住机会重建更加美好的世界。据悉，2021 年联合国世界粮食计划署将与各发展机构、捐助者、企业和民间社会组织建立一个联盟，支持各国政府扩大学校供餐计划。

COVID-19 大流行对世界各地学校供餐的影响

这份特别报告是《2020 年全球学校供餐状况》的额外补充①。该报告描述了当前 COVID-19 大流行对学生的影响，以及各国和发展伙伴如何减轻和应对相关风险，包括修改、替换或补充学校健康和营养计划。特别报告还探讨了随着学校的重新开放，这些计划将如何运作。

因为疫情导致的全球学校关闭引发了历史上最大的教育危机，超过 15 亿名儿童无法上学。从学校供餐计划的角度来看，至少 161 个国家/地区的 3.7 亿名儿童无法接受学校供餐，其中一部分孩子就这样失去了一天中唯一的一餐。

各地区受 COVID-19 疫情的影响程度不同。对于最贫困地区的儿童，他们非常依赖学校供餐，而且没有合适条件在家上学，学校停课带来的负面影响可能是终生的。这不仅会给个人带来悲惨的后果，还会降低人力资本并使贫困和不平等的恶性循环永久化。

随着疫情得到一定程度的控制，各国开始放宽封锁措施，包括重新开学，为“返校”进行着努力，扭转学校停课带来的危害。然而，即使学校重新开学，挑战依然存在。学校健康和营养计划，尤其是学校供餐，现在发挥着关键作用，成为一些父母送孩子回学校和孩子继续上学的强大动力。因此学校供餐计划成为返校计划的一个关键要素。

◎ 论文摘要

《学生饮用奶》团体标准与食品安全国家标准的对比分析

中国学生饮用奶计划是一项国家营养干预计划，“学生饮用奶计划”的核心原则是安全，严格的标准是实施安全原则的保证。中国奶业协会通过制定团体标准对学生饮用奶质量安全进行专项性的规范。本文将介绍和剖析《学生饮用奶生牛乳》《学生饮用奶灭菌调制乳》《学生饮用奶纯牛奶》标准特点，并与我国相应食品安全国家标准进行对比分析②。

中学生奶及奶制品知识、行为与信念的现状分析——以丽水市某高中为例

本文以问卷调查的方式对某校高中一、二年级学生的奶及奶制品知识及相关行为、信

---

① World Food Programme. State of School Feeding Worldwild 2020 [EB/OL]. (2021-02) [2020-10-19]. https://docs.wfp.org/api/documents/WFP-0000123923/download/.

② 刘莉，杨志，韩涌，等.《学生饮用奶》团体标准与食品安全国家标准的对比分析 [J]. 中国奶牛，2021 (2): 52-55.

念开展随机调查，通过分析学生奶及奶制品相关素养及行为的现状，找出其中存在的不足，并从学校、教师、家长、奶及奶制品生产厂家等方面提出建议和对策①。

学生饮用奶质量安全关键控制技术研究进展

启动和推广学生饮用奶计划，主要目的是为了改善中小学生营养健康状况，因此做好学生饮用奶质量安全控制是保障中小学生饮奶安全的基础和前提。学生饮用奶质量安全控制是一项系统工程，涉及奶牛饲料品质、饲养管理、疫病防治、环境卫生以及学生饮用奶加工、储藏运输等关键环节。从各环节的实践来看，重点关注饲料原料的品质提升、奶牛日粮配方精准执行、奶牛营养均衡供给、奶厅卫生和奶牛乳房炎健康改善，冷链运输及送达时间精准把控等环节的关键控制技术，对提升学生饮用奶品质，保障饮奶安全有重要意义。本文对目前学生饮用奶质量安全有关问题和关键控制技术进行了梳理分析，并对各环节质量安全控制技术的发展趋势进行了展望②。

学生饮用奶奶源基地标准与管理办法的对比分析

目的：新疆作为我国主要的原料奶生产基地，是全国公认的“黄金奶源带”。从源头抓好学生饮用奶产品质量，建立完善的奶源基地管理规范至关重要，为进一步完善奶源基地的管理，为奶源基地提供更加科学合理、规范明确、具有可操作性的系统管理规范，进而稳定奶业发展提高国民营养水平和身体素质。方法：本研究通过对现行有效的《学生饮用奶 奶源基地管理规范》（T/DAC 002—2017）与《新疆维吾尔自治区学生饮用奶奶源基地申报管理办法》中的养殖场厂址、布局、设施设备、繁育饲养管理、疾病防控等关键内容进行系统分析比较，寻找差异。结果：笔者认为《学生饮用奶 奶源基地管理规范》（T/DAC 002—2017）具体规定较为全面，比《新疆维吾尔自治区学生饮用奶奶源基地申报管理办法》更为细致，更为直观地提出奶源基地建设、管理、申报必须具备的条件。结论：因此，建议各奶源基地严格按规范要求管理生产，提高管理水平，确保原料奶质量安全可控，提高奶源基地的生产水平，提高养殖效益③。

农村学生实施营养餐后的体质变化与分析

青少年时期是一个人成长发育的关键时期，不仅影响到外在身高样貌，更会影响大脑神经等内在因素。长期以来，我国对农村学生的关爱非常多元化，实施了一系列有效的改

---

① 黄诗蕊，黄阳生．中学生奶及奶制品知识、行为与信念的现状分析——以丽水市某高中为例［J］．产业与科技论坛，2020，19（14）：80-82.

② 梁春明，韩涌，王涛，等．学生饮用奶质量安全关键控制技术研究进展［J］．草食家畜，2021（1）：15-25.

③ 李永青，任越，李景芳，等．学生饮用奶奶源基地标准与管理办法的对比分析［J］．草食家畜，2020（6）：20-23.

善措施，其中营养餐膳食计划带来的效果非常好，可以切身实际的为农村中小学生带来营养健康的物质保障。本文将从农村学生实施营养餐后的体质变化进行深入探讨，了解这一过程中营养摄入和生长发育的关键时期的变化和长远影响①。

学生营养改善计划学校供餐配餐状况变迁

目的：分析中国2013—2017年“农村义务教育学生营养改善计划”（以下简称“营养改善计划”）监测学校电子配餐软件使用和食谱制定等情况，为提高学校供餐质量提供基础数据。方法：2013—2017年，在“营养改善计划”覆盖的中国中西部22个省699个国家试点县中，分别按照食堂供餐、企业供餐和混合供餐3种供餐方式，随机抽取不少于10%的小学和初中作为调查学校，每年填写学校调查问卷。结果：2013—2017年，学校“学生电子营养师”等配餐软件使用比例分别为11.7%、8.0%、17.8%、16.9%和14.0%，差异有统计学意义（$\chi^2=345.09$，$P<0.01$）。学校食谱制定者包括学校、教育局、医院或高校、疾病预防控制中心等，2017年分别占74.9%、20.0%、3.7%和1.3%，不同学校类型、地区、供餐方式食谱制定者构成比例均有差异，且随年度变化趋势均有所区别（$P<0.05$）。各年度，食品安全是学校食谱制定时的主要考虑因素，2014—2017年将食品安全作为主要考虑因素的比例分别为58.0%、78.4%、70.6%和87.4%。结论：2013—2017年，学校电子配餐软件使用比例和使用频率均较低，学校食谱制定缺乏专业人员指导。应进一步加强配餐软件的推广，提高食堂工作人员营养知识水平和技能，促进学生餐营养均衡②。

中国农村营养改善计划地区2019年学生零食消费及影响因素

目的：分析中国中西部贫困农村中小学生的零食消费情况及影响因素，为正确引导儿童合理消费零食、促进健康成长提供基础数据。方法：2019年，在实施“农村义务教育学生营养改善计划”的中西部22个省699个县中，分片选取1~3个国家试点县，共选取50个重点监测县。按照不同供餐模式，随机各抽取2所小学和2所初中作为重点监测学校。从小学三年级到初中三年级，每个年级抽取1~2个班。采用学生调查表收集所调查的27 374名学生的零食消费频率、花费和种类等信息。结果：中国中西部贫困农村有14.0%的学生每天吃零食≥2次，21.6%的学生每天零食花费≥3元。零食选择的前3位依次是蔬菜和水果（50.6%），饼干和面包（50.1%），膨化食品（40.0%）。多因素Logistic回归分析显示，母亲在外地打工、父母都在外地打工、企业供餐、校园里有小卖部或超市的学生每天摄入≥1次零食的可能性更高（OR值分别为1.35、1.19、1.11和1.51，P值均<0.05）。结论：中国中西部贫困农村中小学生零食消费现象较为普遍，且存在零食选择不合理的问题。应建立个人、家庭、学校、社会全方位支持引导的健康教育

---

① 柳军．农村学生实施营养餐后的体质变化与分析［J］．文理导航（中旬），2021（4）：80-81.

② 徐培培，杨媞媞，许娟，等．学生营养改善计划学校供餐配餐状况变迁［J］．中国学校卫生，2021，42（3）：337-341.

体系，引导学生合理选择零食[①]。

中国 2012—2017 年农村营养改善计划地区学生生长迟缓状况

目的：分析 2012—2017 年中国中西部贫困农村营养改善计划地区学生生长迟缓状况，为促进中国贫困农村儿童的营养健康提供基础数据。方法：利用 2012—2017 年连续 6 年农村义务教育学生营养改善计划监测评估中 6~15 岁学生的身高数据，按照《学龄儿童青少年营养不良筛查标准》筛选生长迟缓，比较中西部、男女生、不同年龄段学生的生长迟缓检出率及其变迁。结果：2012—2017 年，监测地区 6~15 岁学生的生长迟缓检出率各年份分别为 8.0%、7.9%、6.9%、6.5%、6.0%和 5.3%，5 年间下降了 2.7 个百分点，中部地区下降了 1.8 个百分点，西部地区下降了 4.0 个百分点；男生生长迟缓检出率共下降了 2.7 个百分点，女生下降了 2.9 个百分点；13 岁下降幅度最高，为 4.0 个百分点。结论：2012—2017 年农村学生营养改善计划地区 6~15 岁学生生长迟缓检出率呈逐年下降趋势，但总体仍较高，且存在一定的地区差异，需要制定更有针对性的营养改善策略[②]。

学生营养改善计划 2012—2017 年学校膳食能量与宏量营养素供应变迁

目的：了解“农村义务教育学生营养改善计划”（以下简称“营养改善计划”）试点地区学校食堂食物供应中能量与宏量营养素供应变化趋势，为推进中西部贫困农村学校合理供餐、促进儿童健康成长提供基础数据。方法：从 2012—2017 年，对中西部 22 个省 699 个国家试点县，按照不同的供餐模式抽取 10%的学校进行监测，计算学校每人每天能量和碳水化合物供应量、蛋白质和脂肪供能比，并与《学生营养餐指南》（WS/T 554—2017）进行比较。结果：“营养改善计划”地区试点学校供餐的能量和蛋白质每日供应量呈上升趋势，能量从 2012 年的 1 566.5 千卡[③]增加到 2017 年的 1 927.4千卡，蛋白质从 49.0 克增加到 61.0 克，脂肪供能比从 31.9%上升为 34.9%，碳水化合物供能比逐步下降（F 值分别为 83.38、128.36、20.27 和 17.28，P 值均<0.05）。2017 年能量供应量达标率为 17.5%，蛋白质供应量达标率为 26.8%。结论：“营养改善计划”地区能量和宏量营养素供应仍不合理。应采取措施进一步加强中西部贫困农村食堂食物供应的膳食指导，为改善贫困农村儿童的营养健康状况提供良好保障[④]。

---

① 毕小艺，李荔，杨媞媞，等．中国农村营养改善计划地区 2019 年学生零食消费及影响因素[J]．中国学校卫生，2021，42（3）：329-333.

② 曹薇，杨媞媞，徐培培，等．中国 2012—2017 年农村营养改善计划地区学生生长迟缓状况[J]．中国学校卫生，2021，42（3）：346-349.

③ 1 千卡=4.18 千焦，全书同.

④ 甘倩，徐培培，李荔，等．学生营养改善计划 2012—2017 年学校膳食能量与宏量营养素供应变迁[J]．中国学校卫生，2021，42（3）：342-345.

农村义务教育学生营养改善计划对学生健康的影响研究

相对于城市地区，农村地区儿童营养不良问题更为严峻。为进一步提高农村学生营养健康水平，中国在 2011 年秋季学期针对贫困地区启动了农村义务教育学生营养改善计划。本文使用中国健康与营养调查的最新数据，利用营养改善计划在不同县实施的准自然实验差异，采用基于倾向得分匹配和基于分布变化的双重差分识别策略，评估了营养改善计划对农村学生健康的影响。结果显示，营养改善计划显著提高了农村学生的标准化身高和标准化体重，分别提高了 0.454 个和 0.450 个标准差，但对发育迟缓的影响不显著。进一步研究发现，营养改善计划对女生、家庭社会经济地位较低、年龄较低以及健康状况更好的学生的健康改善作用更大。未来应逐步提高营养改善计划政策效率，加强政策针对性，同时在政府财力允许的条件下向农村学前教育儿童延伸①。

中国 2012—2017 年学生营养改善计划地区学校食堂建设及供餐状况

目的：分析“农村义务教育学生营养改善计划”启动后学校食堂及供餐状况变化，为提高学校食堂供餐成效提供基础数据。方法：2012—2017 年，在“营养改善计划”覆盖的中国中西部 22 个省 699 个国家试点县中，每年按照食堂供餐、企业供餐和混合供餐 3 种模式，随机抽取不少于 10%的小学和初中，采用问卷调查方法，收集学校食堂建设及食堂供餐情况，每年样本量 8 000~11 000 所学校。结果：2012—2017 年，不同年度间学校有食堂、学校有食堂和餐厅、学校有食堂和餐厅且餐厅配备桌/椅的比例差异有统计学意义（χ^2 值分别为 3 043.95、6 383.85和 6 731.17，P 值均<0.01），学校有食堂的比例从 2012 年的 59.5%升至 2017 年的 87.0%。食堂提供早、午、晚餐的比例在各年度有所波动（χ^2 值分别为 51.85、144.96 和 189.19，P 值均<0.01）。食堂早、午、晚餐的食物种类在 2012 年、2014 年和 2017 年逐步丰富（χ^2 值分别为 702.30、892.38 和 550.55，P 值均<0.01）。中、小学和中、西部学校的食堂建设指标、食堂供应三餐比例及食堂三餐食物种类整体差异均有统计学意义，且随年度变化情况整体不同（P 值均<0.05）。结论：“营养改善计划”实施后，试点学校食堂比例不断提高，食堂建设不断完善，食堂供餐食物种类不断丰富，但学校食堂建设与三餐供应比例变化不匹配。应尽快解决制约因素，提高学校食堂供餐比例，丰富食物品种②。

---

① 周磊，王静曦，姜博．农村义务教育学生营养改善计划对学生健康的影响研究［J］．中国农村观察，2021（2）：97-114.

② 杨媞媞，徐培培，曹薇，等．中国 2012—2017 年学生营养改善计划地区学校食堂建设及供餐状况［J］．中国学校卫生，2021，42（6）：829-833，837.

河南省 2012—2019 年农村营养改善计划地区 6~16 岁学生营养状况

目的：了解河南省农村营养改善计划实施地区学生营养状况变化趋势，为制定营养干预措施提供科学依据。方法：采用整群抽样法，从河南省营养改善计划试点县区的学校中各抽取 20%~30%的小学和初中，对抽取学生进行营养状况监测，并对 2012—2019 年的监测结果进行分析。结果：2012—2019 年（2018 年未监测）学生轻度消瘦检出率分别为 4.0%、3.3%、3.3%、3.6%、3.1%、2.9%和 4.4%，中重度消瘦检出率分别为 4.5%、4.5%、4.4%、4.6%、3.9%、3.6%和 5.1%，超重检出率分别为 9.6%、12.4%、12.3%、12.2%、12.7%、13.4%和 11.1%，肥胖检出率分别为 3.9%、6.8%、6.7%、6.2%、7.6%、7.2%和 5.8%，差异均有统计学意义（χ^2 值分别为 1 032.29、4 771.39，P 值均<0.05）；男、女生均在 2019 年轻度（5.0%、3.7%）和中重度（5.9%、4.3%）消瘦检出率最高，小学生、初中生均在 2019 年轻度（4.1%、6.0%）和中重度（5.1%、4.9%）消瘦检出率最高，差异均有统计学意义（χ^2 值分别为 653.22、486.46、919.07 和 306.27，P 值均<0.05）；男、女生均在 2017 年超重检出率最高（14.8%、11.8%）、2016 年肥胖检出率最高（8.3%、6.9%），小学生超重和肥胖检出率分别在 2017 年、2016 年（13.7%、8.4%）最高，中学生超重、肥胖检出率均在 2017 年最高（11.5%、3.0%），差异均有统计学意义（χ^2 值分别为 2 391.65、2 371.74、4 827.75和 512.64，P 值均<0.05）。结论：河南省营养改善计划实施前期学生营养不良状况有所改善，但目前营养不良状况有上升趋势，并存在营养不良与超重肥胖并存现象，需采取针对性营养干预措施①。

2012 年和 2019 年广西农村地区学生贫血状况分析

目的：了解广西农村地区学生的贫血状况，为制定中小学生贫血防控措施提供依据。方法：选取 2012 年和 2019 年广西“农村义务教育学生营养改善计划”营养健康状况监测评估系统中 18 所中小学校学生贫血数据，比较不同年份、年级、性别学生贫血率的差异。结果：2012 年共监测中小学生 3 015 名，贫血率为 13.10%，2019 年共监测中小学生 3 514名，贫血率为 9.33%，2019 年中小学生贫血率比 2012 年下降了 3.77%（χ^2 = 23.384，P<0.001）；2012 年小学一至五年级学生贫血率分别为 14.69%、20.92%、18.34%、11.75%和 10.39%，2019 年分别为 9.24%、10.87%、7.96%、6.06%和 5.41%，与 2012 年相比，2019 年小学一至五年级学生贫血率明显下降，差异有统计学意义（χ^2 值分别为 4.253、12.313、18.904、8.344 和 6.978，P 值均<0.05），2012 年和 2019 年小学六年级和初中一至三年级学生贫血率变化不明显（χ^2 值分别为 1.087、0.088、0.770 和 1.356，P 值均> 0.05）；2012 年和 2019 年女生贫血率均高于男生（χ^2 值分别为 11.918 和 9.753，P 值均<0.05）。结论：广西“农村义务教育学生营养改善计划”在小学阶段取

---

① 许凤鸣，王旭，王延鑫，等．河南省 2012—2019 年农村营养改善计划地区 6~16 岁学生营养状况［J］. 中国学校卫生，2021，42（6）：834-837.

得一定成效，应采取健康教育、技术指导等综合干预措施，减少和控制中小学生尤其高年级学生和青春期女生贫血的发生和发展①。

浙江省公立小学食堂午餐供餐现状

目的：评价浙江省公立小学食堂午餐供应现状，为开展学生午餐科学指导提供依据。方法：2019 年 5—6 月，9—10 月，采用称重法和记账法对浙江省 44 所公立小学食堂午餐的食物供应情况及就餐人数进行 2 次调查，每次调查 1 周。结果：40.91%的学校食堂配餐时依据学生口味，45.45%制作食谱时参考《学生餐营养指南》。食物种类供应中，谷薯类、蔬菜类、水果、畜禽肉、鱼虾类、蛋类、牛奶、大豆坚果类、植物油、盐的供应量分别为 109.05 克、118.01 克、0 克、63.96 克、9.25 克、11.31 克、0 克、10.68 克、10.47 克和 2.54 克。只有植物油的供应量与推荐量基本持平。各类营养素的供应中，能量、蛋白质、脂肪供能比、碳水化合物供能比、钙、铁、锌、维生素 A、维生素 B_1、维生素 B_2、维生素 C 和膳食纤维的供应量分别为 820.84 千卡、32.79 克、37.56%、48.47%、164.18 毫克、7.84 毫克、4.71 毫克、23.07 微克、0.41 毫克、0.35 毫克、20.47 毫克和 2.34 克；只有能量、维生素 B_1 的供应量与推荐量基本持平（P 值均>0.05）。城镇与乡村小学午餐各类食物和营养素之间差异均无统计学意义（P 值均>0.05）。结论：浙江省公立小学食堂午餐供应情况不容乐观，供应结构不合理，某些营养素供应量与推荐量差距较大。建议结合本地饮食特点进行学生餐科学指导②。

营养信息传播在蒙古族中学生营养改善中的应用与效果分析

目的：了解营养信息传播对蒙古族中学生营养认知的影响，为实施有效的营养改善措施提供依据。方法：2019 年 3—5 月对 224 名蒙古族高中学生进行营养知识、态度、行为（K-A-P）基线调查及以营养信息传播为主的营养教育，分析学生营养认知及摄食行为的变化，评价改善效果。结果：宣教前学生营养知识、态度、行为的总分值分别为 33.35±12.77、66.29±16.92 和 48.26±15.61，宣教后为 63.78±21.46、71.88±18.12 和 57.08±16.28，与宣教前相比分值提高，差异有统计学意义（$P<0.05$）；宣教后学生营养知识的知晓率也有提高；对营养信息的关注度增加；偏食挑食、暴饮暴食、不能专心进食等不良摄食行为减少，与宣教前相比差异有统计学意义（$P<0.05$）。结论：营养信息传播可有效改善蒙古族中学生的营养认知水平，对某些不良饮食习惯的改变也有影响③。

---

① 任轶文，林定文，周为文，等 . 2012 年和 2019 年广西农村地区学生贫血状况分析 [J]. 应用预防医学，2021，27（2）：125-127.

② 赵栋，韩丹，朱大方，等 . 浙江省公立小学食堂午餐供餐现状 [J]. 中国学校卫生，2021，42（8）：1152-1155.

③ 宫雪鸿，张振岩，张英杰 . 营养信息传播在蒙古族中学生营养改善中的应用与效果分析 [J]. 卫生研究，2021，50（5）：843-845.

基于修正后模糊-冲突模型的农村义务教育学生营养改善计划执行分析

通过对比引入企业承包制进行供餐的贵州省 L 小学以及由政府主导营养改善计划执行的江西省 W 小学对学生营养改善政策的实施效果，分析了两地不同执行模式下呈现出的结果差异，借助修正后的马特兰德模糊-冲突模型，深入探讨了农村义务教育学生营养改善计划在 L 小学的执行情况，并提出了针对性解决建议①。

乳品与儿童营养共识

目的：基于乳及乳制品（以下简称乳品）对儿童营养健康的重要作用，综合分析我国儿童膳食营养状况和乳品消费现状，结合专家意见形成《乳品与儿童营养共识》。方法：组织儿童营养、乳品科学等科技界与产业界专家，通过文献检索分析与专题研讨的方式开展共识研究。结果：儿童期营养会影响生命全周期的健康；乳品是保障儿童营养需求的优质食物选择；乳品营养强化可作为改善儿童营养健康状况的有效措施；我国儿童乳品摄入量与消费量严重不足，应通过创新食用方式，加强科普及多方引导促进儿童群体的乳品消费。结论：该共识将为我国儿童营养的改善提出方向性建议，为标准法规的完善提供科学依据，为乳品行业的创新与发展提供指导意见②。

对比改革开放 30 年学龄儿童膳食变化推动营养改善深入发展

6~17 岁是儿童生长发育的关键期，充足合理的膳食营养是保证儿童生长发育的物质基础。此外，该时期培养的良好饮食行为习惯也会让儿童一生受益。1982—2012 年，是中国改革开放、社会经济快速发展、人民生活水平日新月异的时期，分析这一段时期中国学龄儿童膳食营养的变化，对于新时代国家制定儿童营养改善相关政策，促进中国儿童健康成长具有重要的科学价值和社会意义③。

南京市小学三年级学生液体乳制品与含糖饮料摄入现状

目的：了解小学生液体乳制品和含糖饮料摄入情况，为制定有针对性的干预措施提供依据。方法：2019 年 9 月，采用整群随机抽样法，抽取 2 所小学三年级学生为研究对象

---

① 冉茂疑，单越，冯祺，等．基于修正后模糊-冲突模型的农村义务教育学生营养改善计划执行分析［J］．中阿科技论坛（中英文），2021（5）：94-97.

② 中国食品科学技术学会食品营养与健康分会．乳品与儿童营养共识［J］．中国食品学报，2021（7）：388-395.

③ 张倩，赵文华．对比改革开放 30 年学龄儿童膳食变化推动营养改善深入发展［J］．中华疾病控制杂志，2021，25（5）：497-499.

进行问卷调查，分析和比较城区、郊区小学生液体乳制品和含糖饮料摄入频率及摄入量。结果共调查学生 1 686人，经常饮用（≥4 次/周）牛奶及其制品 1 192名（占 70.7%），其中男生 657 名（占 72.7%），女生 535 名（占 68.4%）；城区学生经常喝全脂牛奶 296 名（占 38.2%），郊区学生 287 名（占 31.5%）；构成差异均有统计学意义（P 值均<0.05）。479 名（占 28.4%）学生每周奶制品饮用量（毫升）超过 2 100，中位数为 1 350；男生(1 500)高于女生(1 300)，城区学生(1 500)高于郊区学生(1 400)，差异均有统计学意义（P 值均<0.05）。经常喝含糖饮料 784 名（占 46.5%），其中男生（占 49.0%，443 名）高于女生（占 43.6%，341 名），但差异无统计学意义（$P>0.05$），城区（占 51.1%，396 名）高于郊区（占 42.6%，388 名），差异有统计学意义（$P<0.05$）；每周含摄入量（毫升）中位数为 910.0，其中男生(1 000.0)高于女生（750.0），城区(1 000.0)高于郊区学生（750.0），差异均有统计学意义（P 值均<0.05）。摄入频率最高的饮料是含乳饮料（11.1%），297 名（占 17.6%）学生基本不喝含糖饮料。结论：小学生乳制品摄入量增加，仍未达到推荐量水平；含糖饮料摄入频率和摄入量较高。应加强小学生尤其是男生和城区学生的健康教育和干预，引导学生正确选择健康饮品①。

大学生对鲜牛奶认知和消费习惯调查

目的：提高大学生对鲜牛奶的整体认知水平。方法：随机整群抽样法选取广州某高校的 302 名学生作为研究对象，调查其对鲜牛奶的认知及其消费习惯。结果：不同专业、不同性别、不同户籍的大学生对鲜牛奶营养保藏知识的认知情况存在一定的差别（$P>0.05$）。结论：大学生对鲜牛奶营养保藏知识的了解程度偏低，鲜牛奶营养保藏知识在大学生对鲜牛奶饮用的影响中起关键作用，应根据性别、户籍、个人知识水平差异等相关因素来进一步加强有关鲜牛奶的营养保藏知识教育②。

2016—2018 年西安市享受“营养改善计划”中小学生身高体重分析

目的：分析 2016—2018 年西安市“义务教育学生营养改善计划”（以下简称“计划”）试点学校学生生长发育水平及变化趋势，评估西安市“计划”实施效果。方法：在西安市开展“计划”的每个区县中，抽取 10%的学校（包括小学和初中）作为监测学校。按照统一标准测量学生的身高和体重，共收集体格检查数据 106 427条。结果 2016—2018 年，6~$<$10 岁组学生的平均身高、体重呈上升趋势，男、女生平均身高分别增加 0.4~1.8 厘米和 0.2~1.4 厘米；平均体重分别增加 0.9~1.8 千克和 0.9~1.9 千克。与其他年份相比，2017 年 6~$<$15 岁男女生营养不良率、超重肥胖合计率最高。结论：西安市

---

① 王琛琛，王艳莉，王巍巍，等．南京市小学三年级学生液体乳制品与含糖饮料摄入现状［J］．江苏预防医学，2021，32（3）：353-355.

② 彭丽谕，李晓珺，袁学文．大学生对鲜牛奶认知和消费习惯调查［J］．现代食品，2021（9）：218-222.

学生营养改善计划覆盖地区的学生营养状况有一定程度改善，6~<10 岁组学生平均身高、体重增加，学生营养不良率降低，学生超重肥胖率较高。建议实施“计划”的同时，对学生超重和肥胖进行干预①。

2013—2017 年湖北省贫困地区中小学生营养状况分析

目的：分析和评价 2013—2017 年湖北省贫困地区中小学生营养状况和变化趋势，为制定学生营养控制策略和措施提供科学依据。方法：在湖北省 24 个实施营养改善计划的贫困地区，采用随机抽样原则，每地区每年抽取不低于 10%的小学和初中生，对 6~15 岁中小学生的 BMI、生长迟缓、消瘦、超重肥胖等指标进行评估，分析 2013—2017 年的变化趋势。结果：2013—2017 年，学生的生长迟滞呈下降趋势（χ 值分别为 257.25、166.51，P 值均<0.01），男生生长迟滞检出率均高于女生（男生 χ^2 生长迟滞值分别为 136.08、104.91、113.47、78.8 和 205.39；女生 χ^2 生长迟滞值分别为 29.43、44.96、67.69、31.89 和 66.2；P 值均<0.01）。学生的消瘦呈下降趋势（χ 值分别为 43.34、32.27，P 值均<0.01），男生消瘦检出率均高于女生（男生 χ^2 消瘦值分别为 114.01、87.03、144.14、136.17 和 34.24；女生 χ^2 消瘦值分别为 44.16、26.42、60.11、49.45 和 74.08；P 值均<0.01）。学生的超重/肥胖呈上升趋势（χ 值分别为 84.6、41.69，P 值均<0.01），男生超重/肥胖检出率均高于女生（男生 χ^2 超重/肥胖值分别为 687.34、395.01、498.5、244.81 和 335.66；女生 χ^2 超重/肥胖值分别为 710.8、406.68、476.09、259.26 和 167.44；P 值均<0.01）。结论：湖北省贫困地区中小学生生长迟滞检出率、消瘦检出率均呈下降趋势，而超重/肥胖检出率呈上升趋势，应从学生、家长、学校等多方面采取综合措施积极防治超重/肥胖②。

我国贫困地区婴幼儿营养改善项目的发展历程与思考

婴幼儿时期的营养状况关乎儿童期乃至成年期的健康和劳动力水平。我国自 20 世纪 80 年代开始探索改善婴幼儿营养的方法，经过多年探索，建立了辅食营养补充品的国家标准，并免费向全国 22 个省（区、市）的贫困农村地区婴幼儿发放辅食营养补充品。项目实施以来，婴幼儿贫血率和生长迟缓率显著下降，其健康状况和看护人营养喂养知识水平有所提升。为彻底改变农村地区儿童营养状况，除了提高营养包服用依从性，向儿童看护人普及科学喂养知识和技能应作为工作重点③。

---

① 刘萍，张峰，刘冬，等 . 2016—2018 年西安市享受“营养改善计划”中小学生身高体重分析 [J]. 中国公共卫生管理，2021，37（2）：250-253.

② 龚晨睿，汪文滔，李菁菁，等 . 2013—2017 年湖北省贫困地区中小学生营养状况分析［C］// 达能营养中心（中国）（Danone Institute China）. 达能营养中心第二十三届学术会议——营养与认知论文集 . 2020：8.

③ 唐鹤，徐韬，张悦，等 . 我国贫困地区婴幼儿营养改善项目的发展历程与思考［J］. 中国妇幼卫生杂志，2020，11（5）：1-4.

合理膳食 健康成长——中国学生饮用奶计划与你一起关注学生营养的公益活动在洛阳举行

5月19日，在“5·20中国学生营养日”到来之际，为了让每一个孩子在牛奶的滋养下茁壮成长，由《中国食品》杂志携手洛阳孟都伊利学生奶配送中心共同举办的“合理膳食健康成长”“5·20”中国学生营养日——中国学生饮用奶计划与你一起关注学生营养的公益活动，在洛阳市金玉满堂酒店成功举办。洛阳市教育局体卫站站长陈钢、河南科技大学食品与生物工程学院教授何佳、中信重机幼教中心主任李巧莉、《中国食品》运营部主任布连军、洛阳孟都伊利学生奶配送中心负责人司润锋，以及洛阳市部分区县的教体局代表、中小学校长、幼儿园园长和关心学生膳食营养的爱心人士出席了本次公益活动①。

学生奶发展概况及企业未来学生奶质量管控关键点

“学生奶”是集体性食品，一旦出现质量问题，会导致波及的人数多、范围广，造成极其不好的社会影响，所以提高学生奶质量势在必行。文章对学生奶发展概况做了分析，并提出几个当下学生奶存在的问题，并结合HACCP管理体系，分析出提高学生奶质量管控的关键点。对提高同类产品的质量，具有较高的参考价值②。

---

① 张卫．合理膳食　健康成长——中国学生饮用奶计划与你一起关注学生营养的公益活动在洛阳举行［J］. 中国食品，2021（11）：33-35.

② 叶琳琳，张贵斌，周洪菁，等．学生奶发展概况及企业未来学生奶质量管控关键点［J］．中外食品工业，2021（7）：1-6.

第六部分　年度大事记

2020年9月17日，郑州市经开区正式启动“学生饮用奶计划”①。

2020年9月30日是“世界学生奶日”。2000年联合国粮农组织（FAO）正式确定，每年9月最后一周的周三为“世界学生奶日”，其活动宗旨是：“提高世界儿童的营养健康水平”②。

2020年10月12日，中国奶业20强（D20）峰会在河北省石家庄市召开。农业农村部副部长于康震在主旨演讲中提到：“继续实施国家学生饮用奶计划，小康牛奶行动；开展饮奶科普活动，培育消费者饮奶习惯，打造中国乳品品牌”③。

2020年10月16日，国家卫生健康委、教育部、市场监管总局、体育总局、共青团中央和全国妇联等六部委联合印发《儿童青少年肥胖防控实施方案》，要求“办好营养与健康课堂……各地各校要结合农村义务教育学生营养改善计划、学生在校就餐等工作，有计划地做好膳食营养知识宣传教育工作”“优化学生餐膳食结构，改善烹调方式，因地制宜提供符合儿童青少年营养需求的食物，保证新鲜蔬菜水果、粗杂粮及适量鱼禽肉蛋奶等供应，避免提供高糖、高脂、高盐等食物，按规定提供充足的符合国家标准的饮用水。落实中小学、幼儿园集中陪餐制度，对学生餐的营养与安全进行监督”④。

2020年10月17日，中国学生营养与健康促进会在张家口市举办全国“营养与健康示范学校”命名暨授牌仪式，全国共有54所学校获得2020年“营养与健康示范学校”荣誉称号⑤。

2020年10月31日，由中国学生营养与健康促进会主办，内蒙古蒙牛乳业（集团）股份有限公司承办的2020中国学生营养与健康发展大会暨蒙牛未来星学生奶公益主

---

① 河南省人民政府门户网站．落实国家政策要求 增强学生体质营养——郑州经开区正式启动“学生饮用奶计划”［EB/OL］.（2020-09-17）［2021-10-19］. http：//www. henan. gov. cn/2020/09-17/1809533. html.

② 百度百科．学生奶［EB/OL］.［2021-10-19］. https：//baike. baidu. com/item/%E5%AD%A6%E7%94%9F%E5%A5%B6/2710663? fr=aladdin.

③ 中华人民共和国农业农村部．2020中国奶业20强（D20）峰会在河北召开［EB/OL］.（2020-10-12）［2021-10-19］. http：//www. moa. gov. cn/xw/zwdt/202010/t20201012_6354062. htm.

④ 中国政府网．关于印发儿童青少年肥胖防控实施方案的通知［EB/OL］.（2020-10-16）［2021-10-19］. http：//www. gov. cn/zhengce/zhengceku/2020-10/24/content_5553848. htm.

⑤ 中国学生营养与健康促进会．中国学生营养与健康促进会第八届理事会第三次会议召开［EB/OL］.（2020-10-19）［2021-10-19］. http：//www. casnhp. org. cn/news/118. html.

题活动在河北张家口崇礼举行。大会邀请了相关领导和行业专家围绕营养方面的政策法规、乳制品与学生健康、学生餐事业等与中国中小学生营养息息相关的话题发表主旨演讲[①]。

2020 年 11 月 2 日，教育部办公厅发布《关于成立首届全国中小学和高校健康教育教学指导委员会的通知》。首届全国中小学健康教育教学指导委员会（以下简称中小学健康教育教指委）委员共 55 人，设主任委员 1 人，副主任委员 4 人，秘书长 1 人，聘期 4 年，自 2020 年 11 月起至 2024 年 11 月止。中小学健康教育教指委的工作由主任委员主持，副主任委员协助，秘书长协助主任委员和副主任委员处理日常工作[②]。

2020 年 12 月 22 日，由中国奶业协会主办的“砥砺二十载 同心护未来”国家“学生饮用奶计划”实施 20 年活动在北京举办。20 年来，学生饮用奶生产企业从 7 家增加到 123 家，日处理生鲜乳总能力 5 万多吨；学生饮用奶奶源基地 354 家，泌乳牛总存栏 40 多万头，日均供应生鲜乳 12 000多吨；在校日均供应量 2 130万份，是 2001 年的 42.6 倍，覆盖中小学生 2 600万人，覆盖 31 个省、自治区、直辖市的 63 000多所学校。

2020 年 12 月 22 日，国家“学生饮用奶计划”推广规划（2021—2025 年）发布。中国奶业协会组织制定了《国家“学生饮用奶计划”推广规划（2021—2025 年）》（以下简称《规划》），《规划》要求到 2025 年，国家“学生饮用奶计划”推广取得明显进展，饮奶学生数量要达到 3 600万人，日均供应量达到 3 200万份；政策法规更加完善，运行机制更为高效，质量安全显著提升，入校操作更加规范，供应能力明显增加，覆盖范围不断扩大，社会影响力进一步提升，学生身体素质和营养健康水平得到有效提高和改善[③]。

2020 年 12 月 22 日，87 家学生饮用奶生产企业或集团公司荣获“中国学生饮用奶—学生营养改善贡献企业”。中国奶业协会对 87 家学生饮用奶生产企业或集团公司予以通报表扬，授予“中国学生饮用奶—学生营养改善贡献企业”荣誉称号，伊利集团、蒙牛集团、光明乳业、君乐宝乳业、三元食品等企业代表领取荣誉牌匾。

2021 年 1 月 6 日，由健康中国营养联盟组织的“健康中国 儿童营养关爱公益行”首场营养进校园活动在天津启动。此次活动由中国营养学会和中国学生营养与健康促进会主办，蒙牛集团提供公益支持，以“健康加油站，营养新一代”为口号，旨在以专家讲座的形式向中小学生弘扬传统文化，普及营养健康知识，加强科学食育教育[④]。

---

① 中国学生营养与健康促进会 . 2020 中国学生营养与健康发展大会在河北崇礼隆重召开［EB/OL］.（2020-11-02）［2021-10-19］. http://www.casnhp.org.cn/news/119.html.

② 中华人民共和国教育部 . 教育部办公厅关于成立首届全国中小学和高校健康教育教学指导委员会的通知［EB/OL］.（2020-11-02）［2021-10-19］. http://www.moe.gov.cn/srcsite/A17/moe_943/moe_946/202011/t20201111_499471.html.

③ 中国奶业协会 . 国家“学生饮用奶计划”实施 20 年暨现代奶业评价体系建设推进会在北京隆重召开［EB/OL］.（2021-01-14）［2021-10-19］. https://www.dac.org.cn/read/newgndt-21011414300550910155.jhtm.

④ 百度-金台资讯 .“健康中国 儿童营养关爱公益行”首场营养进校园活动在天津启动［EB/OL］.（2021-01-08）［2021-10-19］. https://baijiahao.baidu.com/s?id=1688308869656540499&wfr=spider&for=pc.

2021 年 1 月 12 日，国家卫生健康委印发《托育机构保育指导大纲（试行）》[①]。

2021 年 1 月 14 日，中央农办、农业农村部印发《关于做好当前农村地区新冠肺炎疫情防控有关工作的通知》[②]。

2021 年 1 月 25 日，信阳市抗击新冠肺炎疫情表彰大会隆重举行，中国学生饮用奶（信阳）推广中心荣膺抗疫“特别贡献奖”[③]。

2021 年 1 月 26 日，教育部组织全国中小学健康教育教学指导委员会专家提出《2021 年寒假中小学生和幼儿健康生活提示要诀》[④]。

2021 年 2 月 3 日，中国奶业协会启动编制《中国奶业“十四五”战略发展指导意见》[⑤]。

2021 年 2 月 21 日，《中共中央 国务院关于全面推进乡村振兴加快农业农村现代化的意见》，即 2021 年中央一号文件发布。其中：（七）提升粮食和重要农产品供给保障能力中，提出“继续实施奶业振兴行动”；（十七）提升农村基本公共服务水平中，提出“提高农村教育质量，多渠道增加农村普惠性学前教育资源供给，继续改善乡镇寄宿制学校办学条件，保留并办好必要的乡村小规模学校，在县城和中心镇新建改扩建一批高中和中等职业学校……加强妇幼、老年人、残疾人等重点人群健康服务……加强对农村留守儿童和妇女、老年人以及困境儿童的关爱服务”[⑥]。

2021 年 2 月 23 日，四川省委办公厅、省政府办公厅印发《2021 年全省 30 件民生实事实施方案》。为国家和省级试点地区的 310 万名义务教育阶段学生提供营养膳食补助。计划安排资金 23.56 亿元，其中争取中央补助 20 亿元，省级安排 2.44 亿元，市、县安排 1.12 亿元[⑦]。

---

① 中华人民共和国国家卫生健康委员会．国家卫生健康委关于印发托育机构保育指导大纲（试行）的通知［EB/OL］.（2021-01-12）［2021-10-19］. http：//www.nhc.gov.cn/rkjcyjtfzs/s7785/202101/deb9c0d7a44e4e8283b3e227c5b114c9.shtml.

② 中华人民共和国农业农村部．中央农办、农业农村部印发《通知》要求做好农村地区疫情防控工作　抓好农业生产和农产品供给［EB/OL］.（2021-01-15）［2021-10-19］. http：//www.moa.gov.cn/xw/zwdt/202101/t20210115_6360028.htm.

③ 河南省人民政府门户网站．捐赠现金、防疫物资价值 200 余万元 中国学生饮用奶（信阳）推广中心荣膺抗疫“特别贡献奖”［EB/OL］.（2021-01-27）［2021-10-19］. http：//www.henan.gov.cn/2021/01-27/2086702.html.

④ 中华人民共和国教育部．2021 年寒假中小学生和幼儿健康生活提示要诀［EB/OL］.（2021-01-26）［2021-10-19］. http：//www.moe.gov.cn/jyb_xwfb/gzdt_gzdt/s5987/202101/t20210126_511178.html.

⑤ 中国奶业协会．中奶协副会长兼秘书长刘亚清在《中国奶业“十四五”战略发展指导意见》编制工作筹备会上的讲话［EB/OL］.（2021-02-03）［2021-10-19］. https：//www.dac.org.cn/read/newxhdt-210203210534830100004.jhtm.

⑥ 中华人民共和国农业农村部．中共中央 国务院关于全面推进乡村振兴加快农业农村现代化的意见［EB/OL］.（2021-02-21）［2021-10-19］. http：//www.moa.gov.cn/xw/zwdt/202102/t20210221_6361863.htm.

⑦ 四川省人民政府．省委办公厅、省政府办公厅印发《2021 年全省 30 件民生实事实施方案》［EB/OL］.（2021-02-23）［2021-10-19］. http：//www.sc.gov.cn/10462/10464/10797/2021/2/23/1ca6598f736f4 d13b0b7c6ee5fdb7779.shtml.

2021 年 2 月 24 日，联合国粮食计划署（WFP）发布《2020 年全球学校供餐状况》报告①。

2021 年 3 月 25 日，教育部办公厅发布《关于开展 2021 年“师生健康中国健康”主题健康教育活动的通知》②。

2021 年 4 月 21 日，教育部办公厅印发《关于进一步加强中小学生体质健康管理工作的通知》③。

2021 年 4 月 21 日，教育部体育卫生与艺术教育司印发《教育部体育卫生与艺术教育司 2021 年工作要点》的通知④。

2021 年 4 月 29 日，第十三届全国人民代表大会常务委员会第二十八次会议通过《中华人民共和国乡村振兴促进法》⑤。

2021 年 5 月 10 日，国家发展改革委、教育部、人力资源社会保障部决定实施教育强国推进工程，印发《“十四五”时期教育强国推进工程实施方案》⑥。

2021 年 5 月 15 日，2021 全民营养周暨“5·20”中国学生营养日活动的主场启动会在北京举办⑦。

2021 年 5 月 17 日，贵州省 2021 年全民营养周暨“5·20”中国学生营养日主题宣传活动在贵阳启动。在启动仪式上，贵州省疾控中心发布了《贵州青少年营养改善监测报告》⑧。

2021 年 5 月 23 日，全国教育科学规划课题《农村义务教育学生营养改善计划的实效

---

① 中国新闻网．联合国世界粮食计划署：新冠疫情阻碍了儿童获得学校供餐的历史性进展［EB/OL］．（2021-02-24）［2021-10-19］．http：//www.chinanews.com/gj/2021/02-24/9418435.shtml.

② 中华人民共和国教育部．教育部办公厅关于开展 2021 年“师生健康中国健康”主题健康教育活动的通知［EB/OL］．（2021-03-25）［2021-10-19］．http：//www.moe.gov.cn/srcsite/A17/moe_943/moe_946/202104/t20210406_524630.html.

③ 中华人民共和国教育部．教育部办公厅关于进一步加强中小学生体质健康管理工作的通知［EB/OL］．（2021-04-21）［2021-10-19］．http：//www.moe.gov.cn/srcsite/A17/moe_943/moe_947/202104/t20210425_528082.html.

④ 中华人民共和国教育部．教育部体育卫生与艺术教育司关于印发《教育部体育卫生与艺术教育司 2021 年工作要点》的通知［EB/OL］．（2021-04-21）［2021-10-19］．http：//www.moe.gov.cn/s78/A17/tongzhi/202105/t20210513_531266.html.

⑤ 中国人大网．中华人民共和国乡村振兴促进法［EB/OL］．（2021-04-29）［2021-10-19］．http：//www.npc.gov.cn/npc/c30834/202104/8777a961929c4757935ed2826ba967fd.shtml.

⑥ 中国政府网．关于印发《“十四五”时期教育强国推进工程实施方案》的通知［EB/OL］．（2021-05-10）［2021-10-19］．http：//www.gov.cn/zhengce/zhengceku/2021-05/20/content_5609354.htm.

⑦ 人民网．2021 全民营养周暨“5·20”中国学生营养日活动在京启动［EB/OL］．（2021-05-15）［2021-10-19］．http：//health.people.com.cn/n1/2021/0515/c14739-32104334.html.

⑧ 多彩贵州网．贵州启动 2021 年全民营养主题宣传活动［EB/OL］．（2021-05-18）［2021-10-19］．http：//news.gog.cn/system/2021/05/18/017902003.shtml.

性与可持续性》中期汇报研讨会在福建省教育厅举行①。

2021 年 5 月 29—30 日，由中国学生营养与健康促进会学生健康教育分会和中国营养学会青年工作委员会主办的“第一届中国学生营养教育论坛”在北京召开②。

2021 年 6 月 7 日，国家卫生健康委办公厅、教育部办公厅、市场监管总局办公厅和体育总局办公厅联合发布《关于印发营养与健康学校建设指南的通知》③。

2021 年 6 月 10 日，“伊利营养 2030”启动仪式在北京举行。伊利联合中国红十字基金会，积极响应农业农村部和中国奶业协会“中国小康牛奶行动”的号召，将已实施 4 年的“伊利营养 2020”精准扶贫项目升级为“伊利营养 2030”平台型公益项目④。

2021 年 6 月 16—17 日，助力学生健康成长“健康中国 儿童营养关爱公益行”第二站活动在武汉举行。此次活动由中国营养学会和中国学生营养与健康促进会主办，武汉市江夏区教育局、武汉市青山区教育局协办、蒙牛集团提供公益支持⑤。

2021 年 6 月 23 日至 7 月 21 日，农业农村部畜牧兽医局牵头，会同中国农业大学、中国农业科学院、中国奶业协会等单位组成的 4 个调研组赴 8 省市对“学生饮用奶计划”实施推广情况进行调研。6 月 23—25 日，第三调研组在湖北省实地考察，并开展专题调研⑥。7 月 6—8 日，学生饮用奶调研组赴江苏调研“学生饮用奶计划”实施推广情况⑦。7 月 21 日，由农业农村部畜牧总站奶业处处长闫奎友带领的调研组在山西省进行实地考察，并开展专题调研⑧。

2021 年 7 月 16 日，教育部办公厅、国家卫生健康委办公厅发布《关于进一步加强新冠肺炎疫情防控常态化下学校卫生管理工作的通知》⑨。

---

① 福建省教育厅．全国教育科学规划课题《农村义务教育学生营养改善计划的实效性与可持续性》中期汇报研讨活动成功举办［EB/OL］．（2021-05-29）［2021-10-19］．http：//jyt. fujian. gov. cn/jyyw/xx/202105/t20210529_5603928. htm.

② 人民政协网．2021 第一届中国学生营养教育论坛在北京召开［EB/OL］．（2021-05-31）［2021-10-19］．http：//www. rmzxb. com. cn/c/2021-05-31/2868368. shtml.

③ 中华人民共和国教育部．关于印发营养与健康学校建设指南的通知［EB/OL］．（2021-06-07）［2021-10-19］．http：//www. moe. gov. cn/jyb_xxgk/moe_1777/moe_1779/202106/t20210624_539987. html.

④ 搜狐．从“伊利营养 2020”升级到“伊利营养 2030”，伊利许下十年守护承诺［EB/OL］．（2021-06-10）［2021-10-19］．https：//www. sohu. com/a/471517353_100109862.

⑤ 搜狐．助力学生健康成长“健康中国 儿童营养关爱公益行”第二站活动在武汉圆满举行［EB/OL］．（2021-06-18）［2021-10-19］．https：//www. sohu. com/a/472816896_114984.

⑥ 襄阳市人民政府．农业农村部赴湖北调研“学生饮用奶计划”实施推广情况［EB/OL］．（2021-07-02）［2021-10-19］．http：//www. xf. gov. cn/qy/cyzx/202107/t20210702_2514321. shtml.

⑦ 网易．联合调研组赴卫岗乳业调研“学生饮用奶计划”实施推广情况［EB/OL］．（2021-07-13）［2021-10-19］．https：//www. 163. com/dy/article/GEQBDLNE0550E728. html.

⑧ 网易．农业农村部调研组在山西调研“学生饮用奶计划”实施推广情况［EB/OL］．（2021-07-27）［2021-10-19］．https：//www. 163. com/dy/article/GFTH54HT0550NTPH. html.

⑨ 中国政府网．教育部办公厅 国家卫生健康委办公厅关于进一步加强新冠肺炎疫情防控常态化下学校卫生管理工作的通知［EB/OL］．（2021-07-16）［2021-10-19］．http：//www. gov. cn/zhengce/zhengceku/2021-08/02/content_5629045. htm.

2021 年 7 月 18 日，中国奶业协会发布《中国奶业奋进 2025》①。

2021 年 7 月 24 日，由通辽市人民政府、中国学生营养与健康促进会、内蒙古蒙牛乳业（集团）股份有限公司联合主办的“2021 中国学生营养与健康发展大会”召开，此次大会以“点滴营养，绽放每个未来；健康通辽，与你共筑明天”为主题②。

2021 年 8 月 3 日，国务院印发《全民健身计划（2021—2025 年）》③。

2021 年 8 月 10 日，教育部、国家发展改革委、财政部、国家卫生健康委、市场监管总局五部门发布《关于全面加强和改进新时代学校卫生与健康教育工作的意见》④。

2021 年 8 月 20 日，内蒙古自治区发展改革委、教育厅、市场监督管理局联合发布《关于进一步加强内蒙古自治区中小学服务性收费和代收费有关问题的通知》⑤。

2021 年 8 月 20 日，黑龙江省卫生健康委员会、黑龙江省教育厅、黑龙江省市场监督管理局联合印发《关于进一步加强中小学学校营养健康工作的通知》，发布《黑龙江省中小学学生餐营养指南》，致力加强全省学校营养健康工作、保障广大师生身体健康⑥。

2021 年 8 月 28 日，市场监管总局办公厅联合教育部办公厅、国家卫生健康委办公厅、公安部办公厅印发《关于统筹做好新冠肺炎疫情防控和秋季学校食品安全工作的通知》。提出进一步加大对校外供餐单位、学校食堂和学校周边食品经营者的监督检查力度和频次，做到全覆盖等要求⑦。

---

① 新浪．中国奶业协会发布《中国奶业奋进 2025》［EB/OL］．（2021-07-19）［2021-10-19］．https：//news. sina. com. cn/minsheng/2021-07-19/doc-ikqciyzk6334569. shtml.

② 中国教育新闻网．2021 中国学生营养与健康发展大会举行［EB/OL］．（2021-07-28）［2021-10-19］．http：//www. jyb. cn/rmtzcg/xwy/wzxw/202107/t20210728_610394. html.

③ 中国政府网．国务院关于印发全民健身计划（2021—2025 年）的通知［EB/OL］．（2021-08-03）［2021-10-19］．http：//www. gov. cn/zhengce/content/2021-08/03/content_5629218. htm.

④ 中华人民共和国教育部．教育部等五部门关于全面加强和改进新时代学校卫生与健康教育工作的意见［EB/OL］．（2021-08-10）［2021-10-19］．http：//www. moe. gov. cn/srcsite/A17/moe_943/moe_946/202108/t20210824_553917. html.

⑤ 内蒙古自治区发展和改革委员会．内蒙古自治区发展改革委 教育厅 市场监督管理局关于进一步加强内蒙古自治区中小学服务性收费和代收费有关问题的通知［EB/OL］．（2021-08-20）［2021-10-19］．http：//fgw. nmg. gov. cn/zfxxgk/fdzdgknr/bmwj/202108/t20210820_1808088. html.

⑥ 黑龙江省人民政府网．三部门联合发布《黑龙江省中小学学生餐营养指南》［EB/OL］．（2021-08-20）［2021-10-19］．https：//www. hlj. gov. cn/n200/2021/0820/c42-11021440. html.

⑦ 中华人民共和国教育部．市场监管总局办公厅 教育部办公厅 国家卫生健康委办公厅 公安部办公厅 关于统筹做好新冠肺炎疫情防控和秋季学校食品安全工作的通知［EB/OL］．（2021-08-28）［2021-10-19］．http：//www. moe. gov. cn/jyb_xxgk/moe_1777/moe_1779/202109/t20210903_558694. html.

附　　录

附录1　首届全国中小学健康教育教学指导委员会委员名单

主任委员

马　军　北京大学

副主任委员

瞿　佳　温州医科大学

张　倩　中国疾病预防控制中心

陶芳标　安徽医科大学

余小鸣　北京大学

委　员

刘　莹　北京景山学校

高爱钰　北京市东城区中小学卫生保健所

于艳萍　北京洁如幼儿园

刘芳丽　中国教育科学研究院

杨雪静　天津市和平区学校卫生保健所

寇春梅　河北省石家庄市新华区教育局

窦路明　山西省太原市中小学学生卫生保健所

叶　玲　内蒙古自治区呼和浩特市教育科学研究所

王润博　内蒙古自治区赤峰市教育局

孔文清　辽宁省鞍山市学生保健所

宁英红　辽宁省基础教育教研培训中心

张志成　吉林农业大学

林　颖　吉林省吉林市教育局

李晓东　黑龙江省佳木斯市中小学卫生保健所

郑　凯　黑龙江省教育厅

李丹阳　黑龙江省齐齐哈尔市中小学卫生保健所

钱海红　复旦大学

甘亦农　江苏省常州市教育局
马　萍　江苏省南京市中小学卫生保健所
张兆成　江苏省徐州市中小学生卫生保健所
张作仁　浙江省温州市教育教学研究院
陈安东　安徽省淮南市职业教育中心
陈雪琳　福建省厦门市教育事务受理中心（厦门市中小学卫生保健所）
苏　玲　福建省疾病预防控制中心
李卫红　江西省上饶市德兴市教研室
张丽华　山东省济南市教育局
王　巍　山东省青岛市教育局
郭卫红　河南省平顶山市学校卫生保健站
汤　佳　湖北省武汉市教育科学研究院
彭卫红　湖北省孝感市中小学体育卫生工作站
向　兵　武汉科技大学
汤长发　湖南师范大学
刘小凤　广东省佛山市南海区教育发展研究中心
肖颖珊　广东省广州市海珠区晓港西马路小学
杨红华　广东省深圳市笋岗中学
苏积英　广西壮族自治区北海市教育局学校卫生保健所
朱慧全　海南医学院
曹型远　重庆市中小学卫生保健所
江信忠　重庆市北碚区中小学卫生保健所
吴成斌　重庆市健康教育所
王　宏　重庆医科大学
曹德成　四川省成都市都江堰市中小学生卫生保健所
黄晓玲　四川省绵阳实验高级中学
彭　菲　贵州省贵阳市中小学生保健研究所
尹子光　云南省昆明市中小学卫生保健所
杨　静　兰州大学第二医院
周　茜　宁夏回族自治区平罗县职教中心
赵海萍　宁夏医科大学
林　艺　新疆维吾尔自治区乌鲁木齐市中小学卫生保健指导中心
胡敬昌　新疆生产建设兵团第二师教研室

秘书长

刘　莹（兼）　北京景山学校

附录 2　全国学校食品安全与营养健康工作专家组专家名单（按省级行政区划和姓氏笔画排序）

丁钢强　中国疾病预防控制中心
马冠生　北京大学
厉梁秋　中国营养保健食品协会
任发政　中国农业大学
刘爱玲　中国疾病预防控制中心
李　涛　中国食品安全报社
李新威　中国疾病预防控制中心
何计国　中国农业大学
张　倩　中国疾病预防控制中心
张柏林　北京林业大学
范学慧　市场监管总局
姜　洁　北京市食品安全监控和风险评估中心
路福平　天津科技大学
桑亚新　河北农业大学
韩　雪　河北科技大学
白彩琴　山西大学
程景民　山西医科大学
乌云格日勒　内蒙古师范大学
肖景东　辽宁中医药大学附属第四医院
岳喜庆　沈阳农业大学
南西法　锦州医科大学
施万英　中国医科大学
刘景圣　吉林农业大学
刘静波　吉林大学
赵　岚　黑龙江省疾病预防控制中心
王　慧　上海交通大学
陈　波　复旦大学
孙桂菊　东南大学
戴　月　江苏省疾病预防控制中心
韩剑众　浙江工商大学
赵存喜　安徽医科大学
曾绍校　福建农林大学
邓泽元　南昌大学
夏克坚　南昌师范学院

何金兴　齐鲁工业大学
迟玉聚　山东省市场监督管理局
吕全军　郑州大学第一附属医院
李　斌　华中农业大学
朱惠莲　中山大学
任娇艳　华南理工大学
李汴生　华南理工大学
肖平辉　广州大学
李习艺　广西医科大学
方桂红　海南医学院
张　帆　海南医学院
文雨田　重庆市九龙坡区教育委员会
李继斌　重庆医科大学
胡　雯　四川大学华西医院
梁爱华　四川旅游学院
魏绍峰　贵州医科大学
德　吉　西藏大学
于　燕　西安交通大学
梁　琪　甘肃农业大学
王树林　青海大学
马　芳　宁夏回族自治区疾病预防控制中心
肖　辉　新疆医科大学
武　运　新疆农业大学
罗建忠　新疆生产建设兵团疾病预防控制中心
程华英　新疆生产建设兵团第十一师医院